essentials

Essentials liefern aktuelles Wissen in konzentrierter Form. Die Essenz dessen, worauf es als „State-of-the-Art" in der gegenwärtigen Fachdiskussion oder in der Praxis ankommt. *Essentials* informieren schnell, unkompliziert und verständlich

- als Einführung in ein aktuelles Thema aus Ihrem Fachgebiet
- als Einstieg in ein für Sie noch unbekanntes Themenfeld
- als Einblick, um zum Thema mitreden zu können

Die Bücher in elektronischer und gedruckter Form bringen das Fachwissen von Springerautor*innen kompakt zur Darstellung. Sie sind besonders für die Nutzung als eBook auf Tablet-PCs, eBook-Readern und Smartphones geeignet. *Essentials* sind Wissensbausteine aus den Wirtschafts-, Sozial- und Geisteswissenschaften, aus Technik und Naturwissenschaften sowie aus Medizin, Psychologie und Gesundheitsberufen. Von renommierten Autor*innen aller Springer-Verlagsmarken.

Ingo Kern

Das selbstkompostierende Flachdach

Bio-logischer Fehler: Feuchtefalle Holzflachdach

Ingo Kern
Architekturbüro Kern + Kern GbR
Heilbronn, Deutschland

ISSN 2197-6708 ISSN 2197-6716 (electronic)
essentials
ISBN 978-3-658-47849-0 ISBN 978-3-658-47850-6 (eBook)
https://doi.org/10.1007/978-3-658-47850-6

Die Deutsche Nationalbibliothek verzeichnet diese Publikation in der Deutschen Nationalbibliografie; detaillierte bibliografische Daten sind im Internet über https://portal.dnb.de abrufbar.

© Der/die Herausgeber bzw. der/die Autor(en), exklusiv lizenziert an Springer Fachmedien Wiesbaden GmbH, ein Teil von Springer Nature 2025

Das Werk einschließlich aller seiner Teile ist urheberrechtlich geschützt. Jede Verwertung, die nicht ausdrücklich vom Urheberrechtsgesetz zugelassen ist, bedarf der vorherigen Zustimmung des Verlags. Das gilt insbesondere für Vervielfältigungen, Bearbeitungen, Übersetzungen, Mikroverfilmungen und die Einspeicherung und Verarbeitung in elektronischen Systemen.
Die Wiedergabe von allgemein beschreibenden Bezeichnungen, Marken, Unternehmensnamen etc. in diesem Werk bedeutet nicht, dass diese frei durch jede Person benutzt werden dürfen. Die Berechtigung zur Benutzung unterliegt, auch ohne gesonderten Hinweis hierzu, den Regeln des Markenrechts. Die Rechte des/der jeweiligen Zeicheninhaber*in sind zu beachten.
Der Verlag, die Autor*innen und die Herausgeber*innen gehen davon aus, dass die Angaben und Informationen in diesem Werk zum Zeitpunkt der Veröffentlichung vollständig und korrekt sind. Weder der Verlag noch die Autor*innen oder die Herausgeber*innen übernehmen, ausdrücklich oder implizit, Gewähr für den Inhalt des Werkes, etwaige Fehler oder Äußerungen. Der Verlag bleibt im Hinblick auf geografische Zuordnungen und Gebietsbezeichnungen in veröffentlichten Karten und Institutionsadressen neutral.

Springer Vieweg ist ein Imprint der eingetragenen Gesellschaft Springer Fachmedien Wiesbaden GmbH und ist ein Teil von Springer Nature.
Die Anschrift der Gesellschaft ist: Abraham-Lincoln-Str. 46, 65189 Wiesbaden, Germany

Wenn Sie dieses Produkt entsorgen, geben Sie das Papier bitte zum Recycling.

Was Sie in diesem *essential* finden können

- alles Wesentliche über die Risiken und Herausforderungen unbelüfteter, vollgedämmter und flach geneigter Holz(flach)dächer.
- detaillierte Einblicke in die bautechnischen, bauphysikalischen und rechtlichen Aspekte dieser Konstruktionen.
- Schadensmechanismen werden anschaulich erklärt, Lösungen aufgezeigt und aktuelle wissenschaftliche Erkenntnisse sowie juristische Urteile berücksichtigt.
- Dieses Essential richtet sich an Architekten, Sachverständige, Bauherren.

Vorwort

Dieses Buch widmet sich der Thematik der Feuchtefalle im Holzflachdach mit Sparrenvolldämmung. Es beleuchtet die Aspekte und Probleme, die sich aus dieser Bauweise ergeben. Ziel ist es, ein umfassendes Verständnis für die Gefahren und Mängel von unbelüfteten und vollgedämmten Holzflachdächern zu vermitteln. Schadensfälle und fehlerhafte Konstruktionen haben gezeigt, dass diese Dächer weder theoretisch fundiert noch praktisch erprobt sind. Die Feuchtigkeitsproblematik führt häufig zu gravierenden Bauschäden, die die Gefahr eines „selbstkompostierenden Flachdaches" in sich bergen. Das bedeutet, dass die Holzkonstruktion durch Feuchtigkeitseinwirkung im Laufe der Zeit erheblich geschädigt wird und sich buchstäblich selbst zersetzt.

Ingo Kern

Interessenkonflikt Der/die Autor*in hat keine für den Inhalt dieses Manuskripts relevanten Interessenkonflikte.

Inhaltsverzeichnis

1	**Einleitung**	1
2	**Schadensmechanismus**	3
3	**Feuchtevariable Dampfbremsen**	7
	3.1 Funktionsweise	7
	3.2 Variable Dampfbremse als Leistungsträger?	8
	3.3 Baupraxis	11
	3.4 Einordnung in Gebrauchsklassen	12
4	**Grenzen des Machbaren**	21
5	**Forschungsergebnisse**	23
	5.1 AIBau	23
	5.2 FLiB	25
	5.3 Feldversuch	26
6	**Hygrothermische Simulationsberechnung**	31
	6.1 WUFI	31
	6.2 Überprüfung der Redundanz	33
	6.3 Die Bedeutung des Standorts	35
	6.3.1 Simulation am Standort *Wien*	35
	6.3.2 Simulation am Standort *Málaga*	36
	6.3.3 Simulation am Standort *Tromsø*	37

7	**Informationsdienst Holz**	39
	7.1 Überdämmung als Lösung?	41
	7.2 Überdämmung als Risiko?	41
8	**Rechtliches**	43
	8.1 Sonderkonstruktion	43
	8.2 Urteile	46
	8.3 Wissensstand	48
9	**Herstellungs- und Instandsetzungsziele**	55
10	**Fazit**	59
Was Sie aus diesem *essential* mitnehmen können		61
Literatur		63

Einleitung 1

Holzflachdächer sind in Verbindung mit den steigenden Wärmeschutzanforderungen nicht mehr in denselben, vor wenigen Jahrzehnten noch bewährten Bauweisen möglich. Was unter anderen Rahmenbedingungen damals noch richtig war, ist es heute nicht mehr. Aufgrund diverser Schadensereignisse hat sich für unbelüftete Holzflachdächer mit Vollsparrendämmung gezeigt, dass sie weder grundsätzlich theoretisch richtig sind noch eine grundsätzlich ausreichende Praxisbewährung aufweisen. In der Fachwelt gibt es kaum noch Zweifel an der Untauglichkeit unbelüfteter und vollgedämmter Holzflachdächer. Sie erfüllen nicht die Anforderungen an anerkannte Regeln der Technik. Der Werkerfolg ist nicht in ausreichendem Maße sichergestellt [1]. Die Welt, die Menschen und vollgedämmte, unbelüftete Holzflachdächer sind komplizierte Angelegenheiten. Ihr Zusammenwirken und die Wechselbeziehungen sind oft sogar ganz außerordentlich unübersichtlich. Deshalb wäre es verächtlich, wenn man anderen vormachen wollte, die Bauweise lasse sich mit wenig Aufwand leicht verstehen und deren Herstellung ohne gedankliche Mühen und handwerkliche Risiken meistern. Das ist falsch, und wer es glaubt, zählt auf Dauer eher zu den Verlierern. Sie sind äußerst risikobeladen, da eindringende Feuchte keine Möglichkeit zum Austrocknen hat und bilden eine regelrechte Feuchtefalle, weil Feuchtigkeit weder nach außen noch nach innen austrocknen kann. Der Bundesgerichtshof hat dieser Bauart in seinem Beschluss vom 27.01.2021 eine fehleranfällige Konstruktion bescheinigt [2]. Jurgeleit, Richter am VII. Senat des Bundesgerichtshofs, bewertet in „Bausachverständige 2|2025" vollgedämmte, unbelüftete Holzflachdächer als ungeeignet, ein Haus dauerhaft zu schützen und bezeichnet sie daher als grundsätzlich vertragswidrig. Diese Konstruktionen, so Jurgeleit, entsprechen nicht dem, was ein Besteller nach Treu und Glauben unter Berücksichtigung aller vertragsbegleitenden Umstände mit Rücksicht auf die Verkehrssitte erwarten dürfe.

Schadensmechanismus 2

In einem beispielhaften Schadensfall tropfte Wasser aus der Wohnzimmerdecke eines Neubaus. Die Vollgeschosse waren gemauert, das flach geneigte Dach bestand aus einer Sparrenkonstruktion mit Folienabdichtung auf Holzschalung und einem Gründachaufbau (s. Abb. 2.1). Die Dampfbremse war vorliegend eine feuchtevariable Klimamembran mit einem flexiblen s_d-Wert von 0,2 m bis 5 m [3]. Leckagen in der oberseitigen Abdichtung konnten ausgeschlossen werden.

Die raumseitige Gipskartonbekleidung wurde geöffnet. Auf der Dampfbremsfolie hatten sich tiefe Wassersäcke gebildet. Die Fläche offenbarte viele butterweiche Stellen, die unter den Füßen gleich einer matschigen Feuchtwiese nachgaben. Nur die Abdichtung verhinderte den Absturz. Der geübte Blick erkannte Fruchtkörper an allen befallenen Holzträgern. Die Schäden, die sich nach Entnahme der Mineralfaserdämmung zeigten, waren dramatisch. Von der durchgerotteten Schalung, bis hin zu gerissenen Balken war alles vertreten, was ein Holz zerstörender Pilz im Laufe von wenigen Jahren anrichten kann.

Der physikalische Schadensmechanismus, der zu Tauwasserschäden in unbelüfteten Holzflachdächern mit Sparrenvolldämmung führt, beruht auf grundlegenden bauphysikalischen Prinzipien, insbesondere auf den Wärme- und Feuchtetransportvorgängen. Die Problematik von Tauwasserschäden bei unbelüfteten Holzflachdächern mit Sparrenvolldämmung steht dabei in engem Zusammenhang mit der Konvektion und der Luftdichtheitsebene. Die Luftdichtheitsebene ist eine durchgehende Schicht innerhalb der Gebäudehülle, die den Luftaustausch zwischen innen und außen verhindert. Bei einem Holzflachdach ist diese Ebene entscheidend, um unkontrollierte Luftbewegungen (Konvektion) zu vermeiden. In der Regel wird die Luftdichtheitsebene durch eine luftdichte Dampfsperre oder Dampfbremse erreicht, die sorgfältig eingebaut und abgeklebt wird.

© Der/die Autor(en), exklusiv lizenziert an Springer Fachmedien Wiesbaden GmbH, ein Teil von Springer Nature 2025
I. Kern, *Das selbstkompostierende Flachdach*, essentials,
https://doi.org/10.1007/978-3-658-47850-6_2

Abb. 2.1 Unbelüftetes Holzflachdach nach 4 Jahren Standzeit

Bei nicht fachgerechter Ausführung der Luftdichtheitsebene kann es zu unkontrollierten Luftströmungen innerhalb der Dachkonstruktion kommen (s Abb. 2.2). Diese Konvektion wird durch Druckunterschiede zwischen innen und außen verursacht (Wind, Temperatur, Lüftungssysteme). Es ist hinlänglich bekannt, dass an Folienanschlüssen in Dächern durchaus Nachlässigkeiten auf Baustellen vorkommen. Meist bleibt es bei dem untauglichen Versuch, die Dichtheit bei jeder sich bietenden Gelegenheit mit Klebebandfetzen zum Abdichten von Durchdringungen an der sensiblen Haut herzustellen. Besondere Schwierigkeiten bereiten Durchdringungen von Balkenköpfen, Kabelpakete und ein systembedingt hoher Anteil an Stößen und Anschlüssen. Praktisch undurchführbar wird die Ausführung, wenn dicke Leitungspakete die Luftdichtungsebene durchstoßen. Bislang fällt die Abklebung der Installationsdurchbrüche oft in ein Loch ungeklärter Zuständigkeiten und mangelhafter Kenntnisse. Selbst extreme Sorgfalt wird ein Befeuchtungsrisiko an einer Vielzahl von Detailpunkten nicht verhindern. So zeigte die Praxis, dass die deutschen Hand- und Heimwerker mit der Lösung der Anschlussprobleme schon immer überfordert waren. Bereits vor fast dreißig Jahren versuchten die Fachregeln entgegenzusteuern: *„Durchdringungen sind mit geeigneter Anschlussmöglichkeit anzuordnen ... Bereits bei der Planung ist die Anzahl der Durchdringungen auf das notwendige Maß zu reduzieren* [4]*."* Kein Holzbauunternehmen ist perfekt und hundertprozentig durchströmungsdichte Häuser gibt es nicht (s. Abb. 2.4). Das heißt, Fehler werden nicht etwa

2 Schadensmechanismus

Abb. 2.2 Übliche Fehlstelle in Luftdichtheitsebene, Anschluss mit Klebebandfetzen

im Zuge von Perfektion vermieden, sondern liegen schlichtweg im Bereich des Möglichen.

Durch diese Imperfektion, also Lücken oder Undichtheiten in der Luftdichtheitsebene kann warme, feuchte Innenluft in die Dachkonstruktion eindringen. Diese Luftbewegung kann durch Diffusion als auch durch Konvektion erfolgen, wobei die Konvektion besonders problematisch ist, da sie das Vielfache an Feuchtigkeit transportieren kann. Sobald warme, feuchte Luft in kältere Bereiche der Dachkonstruktion gelangt, kühlt diese ab. Dies geschieht vor allem in den kalten Wintermonaten, wenn die Außentemperaturen niedrig sind. Durch die Abkühlung kann die Luft weniger Feuchtigkeit halten, sodass der Wasserdampf kondensiert und sich als flüssiges Wasser im Dachaufbau niederschlägt (s. Abb. 2.3). Diese Kondensation tritt häufig an kritischen Stellen auf, wie z. B. an der kalten Deckschalung unter der Abdichtung oder auch innerhalb der Dämmung. An diesen Stellen sammelt sich das Tauwasser, da es nicht entweichen kann und führt im Laufe der Jahre zu einer erhöhten Feuchtebelastung der Holzbauteile und der Dämmung. Sparren und Holzwerkstoffe nehmen diese Feuchtigkeit auf. Wenn der Feuchtigkeitsgehalt schließlich das Niveau der Fasersättigungsgrenze (ca. 28–30 M%) erreicht, sind die Zellwände vollständig mit Wasser gesättigt. Das schafft ideale Bedingungen für holzzerstörende Pilze. Diese Pilze benötigen eine hohe Holzfeuchte, Sauerstoff und moderate Temperaturen. Unter diesen Bedingungen können sie das Holz zersetzen (Abb. 2.4).

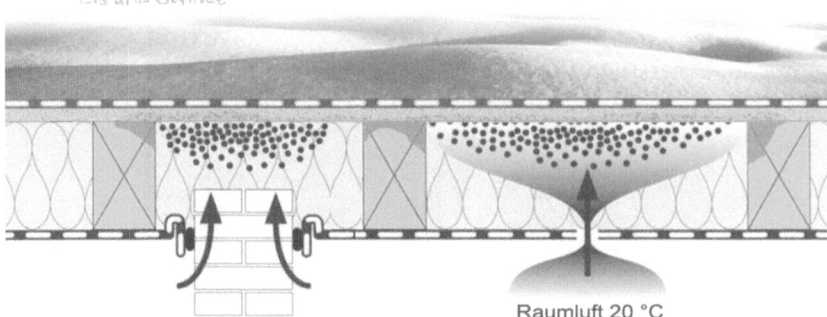

Abb. 2.3 Schadensmechanismus Holzflachdach, durch Luftleckagen gelangt feuchtwarme Luft in den Dachaufbau und kondensiert an der kalten Deckschale

Abb. 2.4 Unkontrollierbare Strömungswege über die Luftkammern der Hochlochziegel

Feuchtevariable Dampfbremsen 3

3.1 Funktionsweise

Variable Dampfbremsen (meistens aus Polyamid) ändern den Dampfdiffusionswiderstand in Abhängigkeit ihres Feuchtegehalts. Polyamid besitzt die Fähigkeit zwischen seinen langkettigen Polymermolekülen Wassermoleküle einzulagern. Wenn Polyamid Wassermoleküle aufnimmt, ändert sich seine molekulare Struktur. Diese Wassermoleküle „öffnen" die Polymerstruktur, was den Dampfdiffusionswiderstand reduziert. Die Funktion und Wirkung der Dampfbremse variiert daher abhängig von der Umgebungsfeuchte und Temperatur zwischen s_d-Werten von 5 m im „trockenen" und 0,25 m im „feuchten" Zustand (bei hoher Luftfeuchtigkeit an der Folie). Höhere Luftfeuchtigkeit oder zusätzliche Feuchte aus austrocknenden Bauteilen bewirken, dass sich die Struktur der Dampfbremse allmählich lockert, sodass sie diffusionsoffener wird und die Luftfeuchte unter der Einwirkung der Sonne in Richtung der Innenräume ausdiffundieren kann.

Die feuchteadaptive Dampfbremse ist inzwischen in den einschlägigen Regelwerken verankert. Und wenn ein Regelwerk diese Empfehlung ausdrücklich aufzählt, geht der deutsche Handwerker davon aus, dass die Physik sich daran hält. Erstmals nennenswert in Erscheinung getreten ist sie im Jahr 2012 in der Holzschutznorm DIN 68800-2. Gegenwärtig lassen sich im Wesentlichen zwei Varianten von feuchtevariablen Dampfbremsen unterscheiden, nämlich solche mit geringer und solche mit hoher Spreizung des s_d-Werts (bspw. ISOVER Vario KM 0,3–5 m oder ISOCELL AIRSTOP Diva 0,5–30 m). Die Spreizung des s_d-Werts bezieht sich dabei auf den s_d-Wert bei trockener bzw. feuchter Umgebung (hohe Luftfeuchtigkeit). In welchem Maß der s_d-Wert bei höherer Feuchte absinkt, ist bei den Produkten bisweilen sehr unterschiedlich.

3.2 Variable Dampfbremse als Leistungsträger?

Betrachtet man den Mystizismus der feuchteadaptiven Dampfbremse pragmatisch, entlarvt ein Blick hinter die Folie, dass die schwankende Diffusionsfähigkeit wenig Übernatürliches leistet. Dass Wasserdampf auskondensieren kann, der per Luftströmung in Gefachhohlräume eindringt, hat sich mittlerweile herumgesprochen. Die Grundlagenforschung dazu betrieb das Fraunhofer-Institut für Bauphysik bereits in den späten 80er Jahren, wonach bei Einsatz einer luftdichtenden Folie deren Wirkung schon durch eine einzelne Fuge weitgehend außer Kraft gesetzt werden kann [5]. Dabei zeigte sich, dass schon bei 1 m Fuge der Dampfdurchgang um mehrere Zehnerpotenzen höher werden kann als durch die Diffusion durch 1 m^2. Diese Erkenntnis fand schon 1991 Eingang in die Fachregeln des ZVDH: *„Durch Strömung über Fugen wird erheblich mehr Feuchtigkeit in ein Bauteil transportiert, als dies durch Wasserdampfwanderung möglich ist* [6].*"* Bei einer Druckdifferenz von nur 5 Pascal, wie sie in beheizten Gebäuden bei Frostwetter allein durch Thermik ausgelöst wird und einer Fugenbreite von 1 mm beträgt der täglicher Konvektionsstrom an Wasser 200 g pro 1 m Fuge. Bei einer Fugenbreite von 3 mm verdoppelt sich die Wassermenge auf 400 g/m.

Die Austrocknung nach innen bleibt in der Wirkung gering. Das zur Verfügung stehende Austrocknungspotenzial bei einem s_d-Wert von 2 m liegt nur bei 7 g/m^2 (bei -10 °C, 80 % rel. F. außen) [7]. Selbst bei einer hoch durchlässigen Folie wird selten die Durchlässigkeit erreicht, um das Dach schadensfrei halten zu können. Der thermische Auftrieb ist der größte konvektive Feuchtefeind von Holzflachdächern, weil im oberen Teil der Gebäudehülle bei Winterklima stets Überdruck herrscht. Die variable Dampfbremsfolie ist bei geringen Fehlstellen in der Luftdichtung überfordert. Der Feuchteintrag über Konvektion (Fugen) ist im Vergleich zur Diffusion um ein Vielfaches höher (s. Tab. 3.1: Täglicher Dampftransport durch Diffusion (pro m^2) und durch Konvektion (pro 1 m Fuge). Das Flachdach denaturiert – ganz gleich mit statischer oder adaptiver Dampfbremse – zu einem Lebensraum für Pilzgesellschaften.

Der Kern des Begriffs „variabel" erschließt sich leicht, aber die Grenzen sind wie immer schwierig. Das gilt, auch wenn manche es nicht glauben möchten, für „variable Dampfbremsen". Sobald sich Kondensat im Dach gebildet hat und sich dieses auf der feuchteadaptiven Folie – auch nur in geringsten Mengen – sammelt, kommt der Diffusionsprozess zum Erliegen. Ein dünner Wasserfilm bildet eine physikalische Barriere, die den direkten Kontakt zwischen der Folie und dem Wasserdampf verhindert. Da der Diffusionsprozess den Übergang von Wasserdampf durch die Folie erfordert, wird dieser Übergang durch den Wasserfilm unterbrochen. Ein Wasserfilm auf der Folie wirkt wie eine undurchlässige Barriere für Wasserdampf. Die Folie wird zum Tauwassersammler (s. Abb. 3.1).

3.2 Variable Dampfbremse als Leistungsträger?

Tab. 3.1 Täglicher Dampftransport durch Diffusion (pro m²) und durch Konvektion (pro 1 m Fuge)[8]

-10°C, 80% relative Feuchte	Diffusionssperrwert [sd]		
	sd = 100 m	sd = 20 m	sd = 2 m
Täglicher Diffusionsstrom [g/m²]	0,15	0,7	7

	Fugenbreite		
Druckdifferenz 5 Pascal	1 mm	3 mm	10 mm
Täglicher Konvektionsstrom [g/lfm Fuge]	200	400	600

Abb. 3.1 Feuchtigkeit auf der Folie verhindert die Rücktrocknung zuverlässig

Um allerdings 1 Liter Kondensat von flüssigem Zustand in Wasserdampf zurückzuwandeln, benötigt man die sogenannte Verdampfungswärme (auch latente Wärme genannt). Die Verdampfungswärme von Wasser beträgt ungefähr 2260 kJ/kg bei 100 °C. Die Verdunstungsenthalpie von Wasser bei etwa 20 °C beträgt ungefähr 2440 kJ/kg. Dies ist etwas höher als die Verdampfungsenthalpie, da zusätzliche Energie benötigt wird, um die Oberflächenspannung zu überwinden und Wassermoleküle aus der Flüssigkeit in die Gasphase zu bringen. Es werden also etwa 2440 kJ Energie benötigt, um 1 Liter Kondensat bei Raumtemperatur (etwa 20 °C) durch Verdunstung in Wasserdampf umzuwandeln.

In einem vollgedämmten und nicht belüfteten Dach, in dem sich mehrere Liter Wasser als Kondensat angesammelt haben, wird insofern eine beträchtliche Menge an Energie benötigt, um dieses Tauwasser wieder in Wasserdampf zu verwandeln. Nur in dieser Form könnte es durch eine feuchteadaptive Folie diffundieren. Das setzt voraus, dass die gesamte Strahlungsenergie der Sonne konstant zur Verfügung steht, für die Verdunstung genutzt wird und keine Verluste auftreten. In der Praxis kann die erforderliche Zeit aufgrund von Wärmeverlusten, variabler Sonneneinstrahlung und anderen Faktoren aber stark beeinträchtigt sein. Bauliche Randbedingungen wie extensive Begrünung, unterschiedliche Beläge, Verschattung, Überdämmungen, Himmelsrichtung und Nachbarbebauung haben jedoch einen erheblichen Einfluss auf die solare Rücktrocknung. Diese Faktoren können die verfügbare Energiemenge erheblich reduzieren und die reale Trocknungseffizienz ruinieren. Aus diesem Grund verlangt beispielsweise die Holzschutznorm, dass bei der Planung solcher Dächer die *„Die Verschattungsfreiheit baurechtlich auf Dauer sichergestellt sein muss* [9]*."* Diese rechtliche Forderung zu erfüllen, ist baupraktisch nahezu unmöglich.

Kann eine außenseitig diffusionsdichte Abdeckung durch eine innenseitige feuchtevariable Dampfbremse kompensiert werden? Diese Frage wurde in Heft 4 der baurechtlichen Themensammlung behandelt. Sie soll die Rücktrocknung im Sommer verbessern. Eine rasche Austrocknung größerer Feuchtigkeitsmengen sei jedoch nicht gewährleistet, außerdem finde diese nur in der warmen Jahreszeit statt. Auch sei nicht ausreichend geklärt, bei welchen Stoffen die Variabilität der Diffusionswiderstände über lange Jahre anhalte. In Räumen, in denen im Winter mit hohen Raumluftfeuchten zu rechnen sei, z. B. (anfangs) durch Baufeuchte oder (dauerhaft) nutzungsbedingt oder infolge von Leckagen könnten feuchtevariable Membranen das Gegenteil bewirken. Sie können im Gebäudebestand eine Situation verbessern, sollten aber nicht Grundlage einer Planung werden [10].

Pro clima, ein namhafter Hersteller von feuchtevariablen Dampfbremsen, erklärt in seiner Wissensdatenbank, dass Feuchte auf vielfältige Weise in die Konstruktion eindringen und Feuchtebelastungen mithin nicht völlig ausgeschlossen werden können. Weiter klärt der Hersteller auf, dass per Konvektion über eine 1 mm breite Fuge in der Dampfbremse 800 g/24h (5600 g/Woche) Feuchtigkeit pro Meter Fugenlänge in die Konstruktion einströmt. Das entspreche bei Windstärke 2−3 einer Verschlechterung um den Faktor 1600 im Vergleich zur Diffusion. Gleichzeitig entwickelt die variable Folie bei einem s_d-Wert von unter 0,25 m im Sommer ein Rücktrocknungspotenzial von 560 g/Woche (s. Tab. 3.2) [11]. Die Rücktrocknungsfähigkeit pro Quadratmeter Fläche steht unter Idealbedingungen dem möglichen zehnfachen an Feuchteeintrag pro einem Meter Fuge gegenüber. Die Funktionsfähigkeit steht insofern in keinem ausgewogenen Verhältnis zu Luftleckagen und Folienfähigkeit.

Tab. 3.2 Diffusionsströme der feuchtevariablen pro clima Dampfbremsen

Diffusionsstrom	Rücktrocknung in [g/m²] pro Woche	
	im Winter	im Sommer
Diffusionsrichtung	nach außen Richtung Unterdeckung	nach innen Richtung Dampfbremse
DB+	28	175
Intello Intello Plus Intesana	7	560

3.3 Baupraxis

Dass es Probleme bei Folienanschlüssen gibt, die sich durch kein noch so gutes Wort aus dem Weg räumen lassen, ist bekannt. Keine Formel, kein Gedicht, kein Gebet schützt vor dem Handwerker, der nach Fertigstellung der Folie einen unauffälligen chirurgischen Schnitt legt, um seine Installation durchzuführen. Die theoretische Leistungsfähigkeit der Folie wird durch handwerkliche Anwendungsgrenzen zunichte gemacht. Pro clima enthüllt, dass daher in Konstruktionen mit Folien, deren rechnerische s_d-Werte 50 m, 100 m oder mehr betragen, letztendlich erhebliche Mengen an Feuchtigkeit eingetragen werden. Das kommentiert sich von selbst und macht zugleich das zentrale Problem der handwerklichen Ausführbarkeit deutlich. Die unzureichende Fehlertoleranz ist eine Tatsache, die stets zur Hintertür hineinschleicht, wenn man sie zur Vordertür hinausschmeißt.

Ein Drittel aller Schadensfälle im Fachbericht des AIBau war mit feuchtevariablen Folien ausgestattet (s. Abb. 3.2, Schaden trotz feuchteadaptiver Folie) [12]. Werbewirksame Herstellerversprechen zur adaptiven Folie wie *„intelligent"*, *„die sicherste Lösung"*, *„Hochleistungs-Dampfbremse"*, *„unerreichte Sicherheit"*, *„sehr hohes Bauschadensfreiheitspotenzial"*, *„bewährt"*[3] oder *„höchster Schutz"* [13] stehen in krassem Gegensatz zu zahlreichen Warnhinweisen (unbelüfteter und vollgedämmter Flachdächer) wie *„schwere Holzschäden"*, *„verschärfte Anforderungen"* [14], *„sehr schadensträchtig"*, *„Sonderkonstruktionen"* [15], *„besonders schadensträchtig"* [16], *„besonders enge Abstimmung"* [17], *„geringe Fehlertoleranz und damit erhöhte Schadensanfälligkeit,"* [18] *„bauphysikalisch sensible Konstruktion"* [19] gegenüber.

Abb. 3.2 Kloster Sêra in Lhasa, Tibet, 300 Jahre altes flach geneigtes Holzdach, zugänglich, einsehbar und kontrollierbar, sicher und nachweisfrei gem. DIN 68800-2 Bild A.18 (Hinweis: Die Tibeter kennen die DIN 68800 nicht)

Hersteller sind selbstredend bestrebt, ihr Produkt für ein möglichst breites Anwendungsspektrum anzubieten. Dabei wird dann auch bis zu den Grenzen des noch vernünftig Machbaren vorgestoßen. Nicht zu unrecht stuft die Hersteller(sanierungs)empfehlung den Schwierigkeitsgrad in der Ausführung als „sehr hoch" ein. Die Schweizer haben es früh erkannt. Sie sprachen den Dächern auch mit feuchteadaptiven Bahnen die Zuverlässigkeit weitgehend ab [20]. Auf der praktischen Ebene scheint es, als ob die sakrale Aura des Wortes „feuchtevariabel" oder „intelligente Folie" nach Belieben dehnbar ist und dafür benutzt wird, Bedenken bei unbelüfteten Holzflachdächern wegzuwischen.

3.4 Einordnung in Gebrauchsklassen

DIN EN 335 legt Gebrauchsklassen fest, die die verschiedenen Nutzungssituationen repräsentieren, denen Holz und Holzprodukte ausgesetzt sein können [21]. Sie beschreiben die unterschiedlichen Einbausituationen und Gebrauchsbedingungen, denen das Bauteil am Einbauort unterliegen wird, wie holzzerstörende Insekten, holzzerstörende Pilze, Holzschädlinge im Wasser und Auswaschbeanspruchung. Nützlich sind diese Klassen für die Bewertung der Planung und Konstruktion von Holzbauten. Je geringer die Gebrauchsklasse, desto weniger Schutz ist erforderlich. Es werden insgesamt sieben Gebrauchsklassen festgelegt (s. Tab. 3.4).

3.4 Einordnung in Gebrauchsklassen

Holz im Bauwesen bedarf eines dauerhaften und umweltverträglichen Schutzes. Der moderne Holzbau berücksichtigt dabei an erster Stelle konstruktive Holzschutzmaßnahmen, die sicherstellen, dass für die Dauer der Nutzung eine Rückführung in den Stoffkreislauf durch holzzerstörende Organismen ausgeschlossen ist: Konstruktiver Holzschutz ohne Chemie ist nicht nur möglich, sondern primäre Pflicht für Planer und Ausführende.

Für das Bauwesen ist die vierteilige Normenreihe DIN 68800 Teil 1–4 von zentraler Bedeutung. Die neuesten Fassungen wurden 2019 (DIN 68800-1) und 2022 (DIN 68800-2) eingeführt. Sie regeln, in welchem Umfang und an welcher Stelle überhaupt Holzschutzmittel verwendet werden dürfen und enthalten die Verpflichtung, bauliche Maßnahmen zu bevorzugen. Damit wird erreicht, dass übliche Konstruktionsbauteile, die weder durch Feuchte noch durch Insekten gefährdet sind, der Gebrauchsklasse 0 (GK 0) zugeordnet werden können. All das ist, zugegeben, seit Längerem gut bekannt. GK 0 ist im Zentrum der Aufmerksamkeit zum wichtigsten Begriff für langlebige Gebrauchsbedingungen im Holzbau geworden. Man kann sagen, dass in dieser Konstellation alles geeignet, fähig und bestimmt ist, sich mittels Dauerhaftigkeit im Universum zu behaupten.

Es muss aber darauf hingewiesen werden, dass GK 0 nur unter bestimmten Bedingungen zu erreichen ist und einen gewissen Aufwand erfordert. Das heißt nicht, dass in GK 0 Insektenbefall keine Rolle spielt, aber das Risiko von Bauschäden ist grundsätzlich vernachlässigbar. Wird Holz zugänglich, einsehbar und kontrollierbar angeordnet, kann es in GK 0 zugeordnet werden (s. Abb. 3.1). Wenn die Einstufung nicht bewitterter Holzbauteile in die Gebrauchsklasse 0 (wetterbeanspruchte Bauteile in GK 3.1) anhand von grundsätzlichen Maßnahmen nicht möglich ist, sollte eine bessere Bauweise bevorzugt werden, die die Anforderungen der GK 0 erfüllt. Wenn dies technisch unmöglich ist, muss ein Upgrade in die GK 0 durch den Einsatz zusätzlicher, besonderer baulicher Maßnahmen erreicht werden. Hier drängt sich die interessante juristische Frage auf, unter welchen Bedingungen und wann GK 0 bautechnisch unmöglich ist? Nie, nur ab und zu oder auch – je nach Hilfsbedürftigkeit – dreimal pro Tag? Holzkonstruktionen müssen zuerst durch fachgerechte Planung und Ausführung so konzipiert werden, dass allein durch baulich-konstruktive Maßnahmen die Gefährdung der Konstruktion vermieden wird und eine Einstufung in GK 0 erfolgen kann (eine hygrothermische Simulation ist keine baulich-konstruktive Maßnahme).

Wir müssen uns darüber unterhalten und darauf festlegen, dass feuchteadaptive Folien banalen Prämissen unterliegen. Das ist nicht Zufall oder Schicksal, sondern schlichte Physik. In Bezug auf die Wirkungsweise ist zu erwähnen, dass die „intelligenten" Folien erst ab einer relativen Luftfeuchte von über 80 % an der Folie wirksam zu funktionieren beginnen (s. Tab. 3.3). Den wirklich niedrigen

Tab. 3.3 Spreizung der s_d-Werte anhand 10 beispielhafter feuchteadaptiver Dampfbremsen (Werte entnommen aus WUFI Pro 6.7)

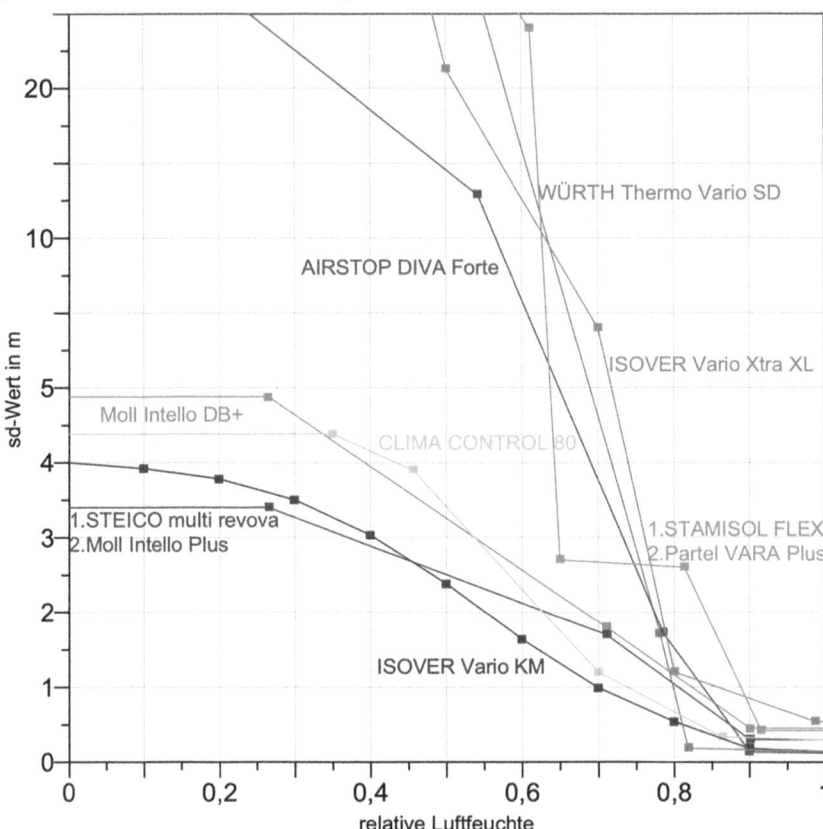

s_d-Wert, den es für die durchgreifende Rücktrocknung braucht, erreichen sie erst ab rd. 80–90 % relativer Luftfeuchte. Wichtig ist, dass auch die innenraumseitige Bekleidung entsprechend hochdiffusionsoffen gewählt wird, um diese Funktion nicht zu erdrosseln.

Die Idee dieser Dächer basiert darauf, dass Feuchte, die trotz sorgfältiger handwerklicher Herstellung über den Winter mit Diffusion oder aufgrund unvermeidlicher, homöopathischer Restleckagen das Dach infiltriert, im Sommer zum Raum durch die Folie hindurch rücktrocknen soll. Das klingt spontan einleuchtend, ist allerdings ungenau. Wobei „Restleckagen" als Gummibegriff für irgendeinen substanzfreien Anteil in den Nebelmeeren der subjektiven Vorstellungen schwimmt.

3.4 Einordnung in Gebrauchsklassen

Das ist so, wie wenn man sagt, ich bestimme jetzt, dass das Dach nur mit einem winzigen Tröpflein auf einem großen heißen Stein funktioniert. Diese Ausführungen sind im zutreffenden, wie im weglassenden Teil bemerkenswert, denn in der Praxis oft vorkommende Fehler beim Anschluss der Dampfbremsbahnen (z. B. bei Installationsdurchdringungen, Strömungskanälen, Innenwandanschlüssen o. ä.), hohe Einbaufeuchten, unzureichender Witterungsschutz in der Bauzeit oder geringste Leckagen in der Abdichtung sind in dieser Konstellation nicht berücksichtigt. Das ist erstens voraussetzungsvoll, zweitens schön und gut bei Hempels hinterm Sofa, taugt drittens aber nicht ansatzweise für die Gebrauchsklasse 0. Die GK 0 sieht nicht vor, dass Feuchte sich über den Winter sammelt. GK 0 bedeutet das Fehlen eines Risikos von Bauschäden, keine Gefahr eines Pilzbefalls [22], erfordert keine Zusatzmaßnahmen (bspw. feuchtevariable Dampfbremsen) und der Zutritt von Feuchte ist ausgeschlossen [23].

Die Arbeitsbedingungen der feuchteadaptiven Folien hingegen entsprechen mit ihren physikalischen Prämissen den Randbedingungen der Gebrauchsklasse 2 (GK 2), wo die mittlere relative Luftfeuchte bis zu einer Woche über 85 % steigen und Tauwasser an wenigen Stunden entstehen darf. Führt (bspw. über den Winter) eine hohe Umgebungsfeuchte im Dachaufbau, in dem sich Holz oder Holzprodukte befinden, zu gelegentlicher, aber nicht andauernder Befeuchtung, wird der Aufbau der GK 2 zugeordnet [24]. Bedingt durch eine zeitlich befristete Vor fast 30 Jahren gruppierte die DIN 68800-2:1996-05 solche Dachaufbauten in die Gebrauchsklasse 2. 1997 wurde das vom Informationsdienst Holz (Holzschutz - Bauliche Empfehlungen, 1997 (Holzbau handbuch; 3/5/1) mit der starken Gefährdung bei außerplanmäßig eindringender Feuchtigkeit begründet. Vor mehr als 20 Jahren wurde gewarnt, die Bauweise von Flachdächern auf Betondecken auf den Holzbau zu übertragen. Warmdachkonstruktionen mit Vollsparrendämmung und Tragkonstruktionen, die schwer kontrollierbar sind, sollten in die GK 2 eingestuft werden (Die neue Quadriga 2004, Nr. 6, S. 34–37; Die neue Quadriga 2007, Nr. 4, S. 45–48; Informationsdienst Holz: Bauen mit Holz ohne Chemie, 1998, Bild 9.3/9.4 Flachdächer der GK 2; Informationsdienst Holz spezial: Flachdächer in Holzbauweise, Oktober 2008, Tab. 4.5). Das ist im Grundsatz zutreffend, und da kann man dann nichts machen. Befeuchtung können unter ungünstigen Umständen in der GK 2 zerstörende Pilze das verbaute Holz bzw. Holzprodukt befallen. Ein Aufbau, der jedoch von vornherein GK 0 entspricht, benötigt überhaupt keine feuchtevariable Dampfbremse. So viel Sofort-Sachverstand verwundert sogar im Zeitalter der alternativen Fakten.

Der Informationsdienst Holz erklärt deswegen, dass dieser Aufbau in GK 2 tauwassergefährdet ist, da Holztragwerk und Schalung im Kaltbereich liegen. Das neueste Merkblatt des ZVDH aus 2024 [25] warnt vor einer „nicht berechenbaren Tauwassermenge infolge von Wasserdampfkonvektion" und bezeichnet die Bauart als „schadensträchtige Konstruktion". Das ist alles richtig, logisch und nachvollziehbar. Durch die systemimmanenten Eigenschaften des Dachaufbaus ist dieser der Gebrauchsklasse 2 (GK 2) der DIN 68800-1 Tab. 3.1 zuzuordnen (s. Tab. 3.4). GK 2 ist aber keine dauerhafte Gebrauchsklasse. Sie widerspricht dem Vermeidungsprinzip (erhöhte Holzfeuchte).

Der Informationsdienst Holz schließt vollgedämmte, unbelüftete Flachdachkonstruktionen erkennbar von der GK 0 aus, weil die Holztragkonstruktion im tauwassergefährdeten Bereich liegt und es sich deswegen um besonders sensible Bauteile handelt [26]. Die GK 2 ist demzufolge auch gesondert zu vereinbaren, so der Informationsdienst Holz (siehe Holzbau Handbuch REIHE 5 TEIL 2 FOLGE 2, Grundsätze). Das Skandalöse daran ist keineswegs, dass es so ist, sondern dass in GK 2 Schäden bis hin zu Problemen bei der Standsicherheit von Tragkonstruktionen entstehen können.

Es ist paradox, dass feuchteadaptive Folien ihre Funktion nur in der GK 2 erfüllen können und auch dort notwendig werden, da sie eine hohe Luftfeuchtigkeit benötigen, um ihre Wirkung zu entfalten. Eine hohe Luftfeuchtigkeit birgt jedoch das Risiko der Bildung von Tauwasser. Dies steht im Widerspruch zum Vermeidungsprinzip der Holzschutznorm, welches darauf abzielt, Holzbauteile vor Feuchtigkeit und Tauwasser zu schützen. Konstruktive Maßnahmen sollen gewährleisten, dass Holzbauteile gar nicht erst mit schädlicher Feuchtigkeit, wie etwa Tauwasser in Kontakt kommen [27].

Die feuchteadaptive Dampfbremse in GK 2 ist ein unehrliches Konzept der Flachdachplanung. Sie ist nicht die Beseitigung der Ursache, sondern die begrenzte Behandlung eines Symptoms. Somit stellt sich die entscheidende Frage, ob eine Planung in GK 2 überhaupt zulässig ist, wo doch eine Planung in GK 0 jederzeit möglich ist.

Hieraus Empfehlungen für die Langlebigkeit abzuleiten, erscheint mir baupraktisch mehr als mutig. Die Konsequenzen hieraus sind vielfach noch nicht verstanden worden. Polyamidfolien (feuchtevariable Folien) machen das Dach nicht sicher. Sie sind dazu gedacht, Symptome einer wenig fehlertoleranten Bauweise zu beseitigen. Deswegen dürfen sie nicht Grundlage einer Planung werden. Nicht ohne Grund bezeichnet die technische Kommission Flachdach das unbelüftete Flachdach auch mit Einsatz einer solchen feuchtevariablen Folie als „*Aufbau mit beschränktem Einsatzgebiet und geringer Fehlertoleranz.*" (s. Abb. 3.3) [28] Manche Begriffe sind so sprechend und in ihrer Bedeutung so leicht verständlich, dass man ein Missverstehen nicht für möglich hält. Was gäbe es da zu erklären? „*Von einer handwerklichen Baustellenfertigung ist abzusehen ... beschattete, auch*

3.4 Einordnung in Gebrauchsklassen

Tab. 3.4 Gebrauchsklassen nach DIN 68800-1

Gebrauchsklasse	Randbedingung	Gefährdung durch	Erläuterung zur Einstufung	Beispiele
GK 0	trocken ≤20 %; rel. Luftfeuchte dauerhaft ≤85 %	Keine Gefährdung	Holzbauteile unter Dach, keine Bewitterung und keine Befeuchtung, allseitig kontrollierbar, nicht dampfdicht verbaut	Konstruktion ist zugänglich, einsehbar und kontrollierbar, Dachuntersichten, diffusionsoffen abgedeckte Steildächer sde ≤ 0,2 m. Stiele, Rähm und Schwelle oberhalb der Spritzwasserzone in Wänden ohne direkte Bewitterung, Hölzer in Innenräumen, UK luftdurchlässiger und hinterlüfteter Vorhangschalen
GK 1	trocken ≤20 %; rel. Luftfeuchte ≤ 85 %	Insekten zulässig	wie GK 0, jedoch Zugang für Insekten möglich und Holzbauteil nicht kontrollierbar oder aufwendig wartbar, z. B. belüftete Tragkonstruktion	Wie GK 0, aber Kontrollierbarkeit ist nicht gegeben, nicht zugänglicher Spitzboden, belüftete Dachkonstruktion, sofern kein qualitätsgeprüftes technisch getrocknetes Holzprodukt verwendet wird

(Fortsetzung)

Tab. 3.4 (Fortsetzung)

Gebrauchsklasse	Randbedingung	Gefährdung durch	Erläuterung zur Einstufung	Beispiele
GK 2	gelegentlich 20 %; rel. Luftfeuchte > 85 % und Tauwassergefährdung	Insekten und Pilze (auch holzzerstörend)	Holzbauteile unter Dach, keine Bewitterung, jedoch hohe Umgebungsfeuchte, die besonderen Schutz gegen holzverfärbende Pilze erforderlich macht, dampfdicht eingeschlossene Holzbauteile, Feuchte kann nicht über Luftstrom abgeführt werden	Schwelle im Sockelbereich ohne direkte Bewitterung aber auf oder unter Geländeoberkante, Holzflachdach mit Sparrenvolldämmung ohne Hinterlüftungsschichten, wasserabweisend abgedeckte Holzbauteile in Nassbereichen von Bädern, nicht hinterlüftete UK von Vorhangschalen, Durchdringungspunkte durch das Außenmauerwerk
GK 3.1	gelegentlich >20 %; keine Anreicherung von Wasser	Insekten und Pilze (keine Holzzerstörer Schimmelpilze, Bläuepilze)	bewitterte Holzbauteile ohne ständigen Erdreich- oder Wasserkontakt; GK 0 durch besondere bauliche Maßnahmen möglich	Stützen im Außenbereich mit ausreichendem Spritzwasserschutz, Bauteile und ihre Anschlüsse mit hohem Trocknungsvermögen, Holzoberflächen außen mit ausreichend Gefälle, Zaunlatten mit ausreichendem Bodenabstand, geschützt eingebaute Pfettenköpfe, Pfosten mit Balkenschuh, belüftete Kontaktzonen

(Fortsetzung)

3.4 Einordnung in Gebrauchsklassen

Tab. 3.4 (Fortsetzung)

Gebrauchsklasse	Randbedingung	Gefährdung durch	Erläuterung zur Einstufung	Beispiele
GK 3.2	häufig >20 %; Wasseranreicherung zu erwarten	Insekten und Pilze (auch holzzerstörend)	wie GK 3.1, jedoch ist eine Anreicherung von Wasser im Holz z. B. durch fehlenden Spritzschutz zumindest räumlich begrenzt zu erwarten	Ungeschützte, horizontal liegende Bauteile im Außenbereich, i. d. R. Terrassen- oder Balkondielen ohne bauliche Maßnahmen, ungeschützte Pfettenköpfe auf der Wetterseite, bewitterte Terrassenbelag, bewitterte Kontaktstöße und Einzapfungen
GK 4	vorwiegend bis ständig feucht >20 %	Insekten und holzzerstörende Pilze, Moderfäule zu erwarten	Holzbauteile in Kontakt mit Erdreich oder Süßwasser und bei mäßiger bis starker Beanspruchung durch Pilzbefall vorwiegend bis ständig befeuchtet	Bauteile im Erdreich oder horizontal liegende Bauteile, bei denen über mehrere Monate Ablagerungen von Schmutz, Erde, Laub u. Ä. zu erwarten sind, Hölzer für Uferbefestigungen, Anlegestellen, Kompostieranlagen, Hölzer mit Beton ummantelt, Pfahlgründungen, im Erdreich eingespannte Masten
GK 5	ständig feucht >20 %	Insekten und holzzerstörende Pilze, Moderfäule, Meeresschädlinge	Holzbauteil ständig dem Meerwasser ausgesetzt (Salzgehalt ≥0,7 %)	Pfähle für Holzstege in salzwasserhaltigen Gewässern an der Nord- und Ostseeküste, Kaianlagen

GK 3.1 für wetterbeanspruchte Bauteile, die GK 3.2 bis GK 5 sind für tragende Bauteile im Hochbau nicht von Bedeutung. GK 2 Pilzbefallsrisiken sollten erläutert und vereinbart werden.

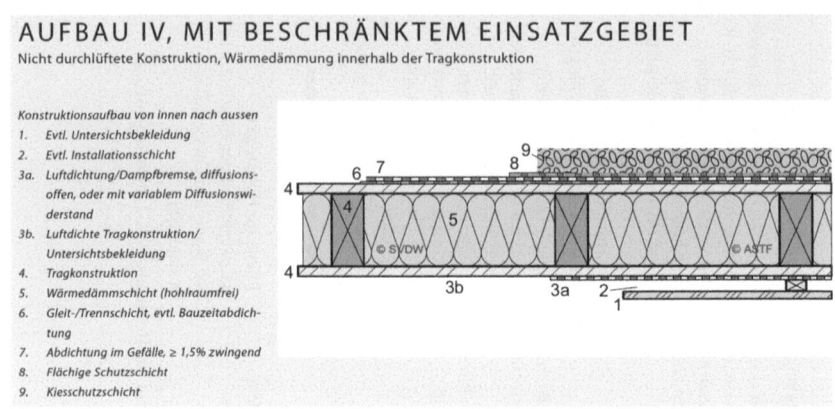

Abb. 3.3 Unsichere unbelüftete Konstruktion mit geringer Fehlertoleranz

teilbeschattete Dächer sind kritisch." Entscheidet man sich dennoch dafür, muss der *„Nachweis der feuchtetechnischen Funktionstüchtigkeit mit speziellen und validierten Simulationsprogrammen wie z. B. WUFI erfolgen. Der Nachweis muss von einer entsprechend erfahrenen Fachperson erfolgen."* Wie deutlich muss man noch werden?

Der Praxiskommentar zur DIN 68800-2 bezeichnet diese Bauart deswegen als eine bauphysikalisch sensible Konstruktion, bei der besondere Maßnahmen berücksichtigt werden müssen [29]. In Anbetracht der Tatsache, dass die Überlebensfähigkeit des Daches nahezu ausschließlich von der Wirksamkeit der Folie abhängt, sei es deswegen erforderlich, dass diese mit einer allgemeinen bauaufsichtlichen Zulassung, einer allgemeinen Bauartgenehmigung oder auch im Rahmen einer ETA erwiesen wird. Des Weiteren wird im Kommentar dargelegt, dass die Funktionsfähigkeit dieser Konstruktion ausschließlich gewährleistet werden kann, wenn die Planung und Ausführung exakt nach den beschriebenen Regeln erfolgt. Das ist, wenn ich es einmal vorsichtig ausdrücken darf, nicht lebensnah, da ja die Brisanz des Themas offenkundig ist. Besonders hervorzuheben ist der Schlusskommentar, der ganz konkret und nur bei diesem Dachaufbau auf das Schadensrisiko hinweist und deswegen zur Absicherung (des Unternehmers) eine vorherige Erstellung einer Dokumentation des Bauablaufs, einschließlich der zeitlichen Abfolge, empfiehlt. Dies ermöglicht im Nachgang die effektivere Abwehr etwaiger Ansprüche. Es ist durchaus berechtigt, sich die Frage zu stellen, aus welchem Grund sich ein Planer oder Unternehmer auf ein derartiges Wagnis einlassen sollte?

Grenzen des Machbaren 4

Die Leistungsgrenzen und Vorbedingungen unbelüfteter und vollgedämmter Holzflachdächer sind schwer überschaubar. Bauhölzer dürfen nicht mehr als 15 ± 3 M-% aufweisen, Holzwerkstoffe nicht mehr als 12 ± 3 M-%. Viele Unternehmer haben indes kein Holzfeuchtemessgerät im Werkstattwagen. Lassen sich Durchdringungen nicht vermeiden, sollten unbedingt Manschetten zur Abdichtung verwendet und vom Holzbauer angebracht oder zumindest von ihm abgenommen werden. Hohlräume in der Wärmedämmung ermöglichen die Luftkonvektion im Gefach, wodurch sich Feuchtigkeit schnell am kühlsten Ort sammeln kann. Es hat sich gezeigt, dass auch nur partiell nicht sauber anliegender Dämmstoff zu Problemen auf der Kaltseite führen kann. Eine hohe winterliche Baurestfeuchte kann beim Einsatz von feuchteadaptiven Dampfbremsen zum Problem werden, denn die äußere Beplankung sowie die Sparren können stark auffeuchten [30]. Flachdächer mit Volldämmung reagieren bei den Klimaparametern am sensibelsten auf das Strahlungsangebot der Sonne an der Oberfläche. Randbedingungen, wie eine Beschattung der Dachfläche erhöhen das Schadenseintrittsrisiko deutlich. Dazu gehören nicht nur Schatten spendende Fassaden, sondern auch Terrassenbeläge genauso wie extensive Begrünungen, Bekiesung, Nachbargebäude oder hohe Dachränder. Dies alles wirkt sich ähnlich aus wie eine Verschattung und reduziert die Austrocknung. Wird die Dachfläche über einen längeren Zeitraum nicht durch die Sonne erwärmt, verringert sich das Rücktrocknungspotenzial enorm. Die obere Schalung ist dann über einen langen Zeitraum einer hohen Feuchtigkeit ausgesetzt. All dies führt zu der bekannten Gefahr der Tauwasserbildung.

Die DIN 68800-2:2022-02 enthält daher spezifische Anweisungen zur Verschattungsfreiheit. Sie besagt: *„Die Verschattungsfreiheit muss baurechtlich auf*

Dauer sichergestellt sein" Dies bedeutet, dass sichergestellt werden muss, dass das Dach dauerhaft unverschattet bleibt, um über die Lebenszeit des Gebäudes eine ausreichende Rücktrocknung zu ermöglichen [31]. Diese Regelung ist besonders relevant, da Faktoren wie extensive Begrünung, Beläge, Verschattung durch in der Zukunft wachsende Bäume, Anlagentechnik, Photovoltaikanlagen oder künftige Nachbargebäude sowie die Ausrichtung des Daches die Rücktrocknungsfähigkeit durch Sonnenenergie erheblich beeinträchtigen können. Die Forderung bedeutet gemeinhin die Eintragung einer Baulast, wie etwa bei einer Nachbarbebauung. Diese bauaufsichtlich eingeführte Bestimmung fordert beim Bau unbelüfteter Flachdächer eine öffentlich-rechtliche Unterlassungserklärung. Dies ist eine harte Randbedingung, die mit dem Bebauungsplan abzugleichen und im Nachbarschaftsverhältnis grundbuchlich abzusichern ist! Hieran werden wohl die meisten Versuche, ohne besonderen Nachweis die Holzflachdächer freizugeben, scheitern.

Forschungsergebnisse 5

5.1 AIBau

Im März 2014 wurde vom Aachener Institut für Bauschadensforschung und angewandte Bauphysik (AIBau) eine vom Bundesamt für Bauwesen und Raumordnung geförderte Studie veröffentlicht mit dem Thema *„Zuverlässigkeit von Holzdachkonstruktionen ohne Unterlüftung der Abdichtungs- oder Decklage"* [32]: So wurde für diese Studie eine Umfrage bei 1657 Bausachverständigen zu Ihren Erfahrungen mit Schadensfällen an derartigen Holzflachdächern durchgeführt. Von 139 antworteten Sachverständigen konnten etwa die Hälfte Schadensfälle präsentieren [33]. Der Zeitpunkt der Schadensfeststellung lag in der Mehrzahl nach Ablauf von mindestens 3 Jahren. Aber bei 40 % der Fälle auch schon nach ein bis zwei Jahren.

Besonders aufschlussreich ist die Aufstellung der Schadensursachen, die von den Sachverständigen diagnostiziert wurden. Abb. 5.1 zeigt die Verteilung. In manchen Fällen wurden mehrere Befeuchtungsquellen identifiziert. Der Großanteil (41 % der Nennungen) wurde verursacht durch Wasserdampfkonfektion infolge von Luftundichtheiten. Schäden aus erhöhter Holzfeuchte und durch Baufeuchte (Regen und hohe Luftfeuchtigkeit in der Bauphase) erreichen zusammengenommen ein etwa gleichgroßes Schadensvolumen. Das, wonach meist als erstes gesucht wird (Schäden in der Abdichtung), war nur zu 16 % an den Ursachen beteiligt. Dass immerhin bei einem Viertel der Fälle auch der Einsatz einer feuchteadaptiven Dampfbremse die Schäden nicht verhindern konnte, ist kein Widerspruch und auch kein Manko dieser Bauprodukte. Der variable Diffusionswiderstand der Bahnen erlaubt nur dann eine Umkehrdiffusion (Rücktrocknung) nach innen hin, wenn drei Voraussetzungen erfüllt sind:

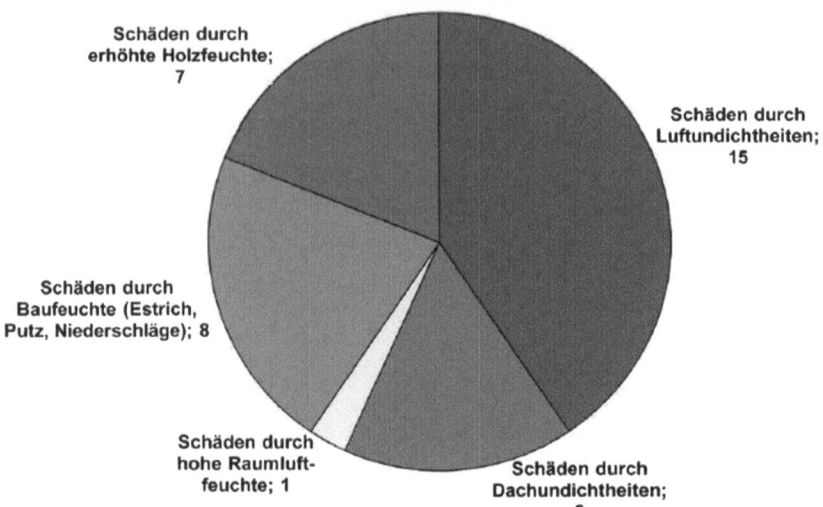

Abb. 5.1 Übersicht der Schadensfälle pro Ursachengruppe (Mehrfachnennung möglich)

1. Es muss eine genügende Antriebskraft für die sommerliche Rückdiffusion zur Verfügung stehen (viel Sonne, dunkle Bahnen und keine Verschattung).

Bei fast der Hälfte der dokumentierten Schadensfälle war das nicht der Fall, da sie eine Begrünung oder Kiesschüttung aufwiesen.

2. Variable Dampfbremsen können gesichert nur konvektive Feuchtebelastungen aus unvermeidlichen Restleckagen beherrschbar machen.

Größere Fehler bei Anschlüssen sind hierdurch allerdings nicht zu kurieren, auch wenn sie oft nur lokal begrenzt sind. Dieses Risiko muss durch geeignete Prüfungen vor Ort sowie übergenaue Akkuratesse und gewissenhafte Bauüberwachung ausgeschaltet werden.

3. Das Abtrocknen hoher Einbaufeuchten oder Fehler in der Luftdichtheit können nicht die Aufgabe einer variablen Dampfbremse sein.

Hier muss ein striktes Vermeidungsprinzip gelten, wie es die Holzschutznorm fordert. Der Forschungsbericht des AIBau schlägt deshalb vor, unbelüftete Flachdächer nach der Errichtung über mindestens fünf Jahre mit einem Monitoringsystem zu überwachen. Fehlertoleranz bedeutet aber, auf solche Überwachungsmaßnahmen verzichten zu können. Intensive Fachdiskussionen beim Fachkongress Holzschutz und Bauphysik in Leipzig im Jahr 2011 führten zur eindeutigen Aussage der Autoren: „*Der Einbau von Dampfsperren in außenseitig dampfdichten Holzkonstruktionen entspricht nicht mehr den Regeln der Technik* [34]."

5.2 FLiB

In Bezug auf Fehlstellen ist die Forschungsarbeit des Fachverbands Luftdichtheit e. V. (FLiB) von besonderer Bedeutung [35]. Sie beinhaltet eine detaillierte Analyse eines Referenzschadens an einem Dachaufbau. Die Forschungsergebnisse zeigen, dass die Abgrenzung zwischen einem unbedenklichen Anteil an Fehlstellen, einem Anteil, der ein erhöhtes Risiko darstellt, und einer Anzahl an Fehlstellen, die zum Versagen führt, äußerst gering ist. Der Untersuchungsfall basierte auf einem gut dokumentierten Dach, das aufgrund eines Feuchteschadens zurückgebaut und vollständig saniert wurde. Basierend auf dem Schadensbild wurde das Dach in drei Teilbereiche unterteilt

- grün (nahezu schadenfrei)
- gelb (mittlere Schädigung)
- rot (stark beschädigt)

Für jede der untersuchten Leckagen wurde zunächst die Größe erfasst und anschließend anhand der feuchtetechnischen Schadensträchtigkeit eingeteilt Abb. 5.2 veranschaulicht die prozentuale Leckagefläche in der Dampfbremse und Abb. 5.3 zeigt die prozentuale Leckagefläche im Verhältnis zur Schadensgeneigtheit anhand des grünen, gelben und roten Quadrates gegenüber dem grauen Quadrat (Gesamtfläche).

Die quantitative Unterscheidung zwischen einer schadensauslösenden Leckage „rot", einer grenzwertigen Leckage „gelb" und einer unbedenklichen Leckage „grün" ist (bau)praktisch unmöglich. Der Bericht ermittelte, dass eine anteilige Leckagefläche von 0,28 % zur Gesamtfläche zum Schaden führte. Blieb der Fehlstellenanteil nur bei anteiligen 0,17 %, war das Überleben zumindest möglich. Erreichte man einen Wert von 0,08 %, war man auf der sicheren Seite.

— grün (nahezu schadenfrei)
— gelb (mittlere Schädigung)
— rot (stark beschädigt)

Abb. 5.2 Teilbereiche, Zonierung der Teilbereiche

Dies wirft die berechtigte Frage auf, wie auf der Baustelle visuell der Unterschied zwischen unschädlich (grün) und verhängnisvoll (rot) – also 0,2 % – zu unterscheiden ist. Der Fehlertoleranzbereich liegt im Hundertstel-Bereich der Gesamtfläche. In der Praxis heißt das, dass selbst winzige Leckagen über den langfristigen Feuchteschutz eines Bauteils entscheiden können.

5.3 Feldversuch

In Kassel haben wir an vier Pilotfeldern eines Sanierungsexperiments von 2018–2020 Messungen mit einem Monitoringsystem durchgeführt. Dabei wurden Klimasensoren in verschiedenen Zonen eines großen Flachdaches mit feuchteadaptiver Folie angebracht (s. Abb. 5.4). Im klassischen unbelüfteten Abschnitt mit Sparrenvolldämmung stellte sich eine sehr volatile Temperaturkurve an der Unterseite der Deckschalung ein (s. Abb. 5.4, blaue Kurve „Gefach oben"). Diese lag kurz nach Beginn der Aufzeichnungen im Oktober 2018 im Mittel nahezu identisch oder knapp über dem Niveau der Außenlufttemperatur (rote Kurve „Außenluft"). Es zeigt sich anschaulich, wie sich die Deckschale gleichlaufend

5.3 Feldversuch

Beschreibung der Teilbereiche	Einheit	rot	gelb	grün
Anteilige Leckagefläche in Dampfbremse	%	0,28	0,17	0,08

Abb. 5.3 Prozentuale Fläche der Lecks im graphischen Verhältnis zur Fläche der Luftdichtheitsebene

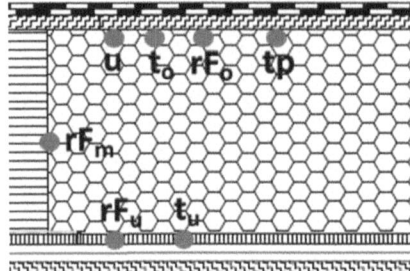

Abb. 5.4 Verteilung der Klimasensoren im Flachdachaufbau

auf äußere Temperaturschwankungen einstellt und wegen Strahlungswärmeverlusten zeitweise sogar unter die Außenlufttemperatur fiel.

Gleichzeitig zeigte sich tagsüber die Aufheizung des Daches bei 35 °C Außentemperatur (gemessen in 1,5 m Höhe über der schwarzen Abdichtung in geschützter Lage) überraschend gering. Obwohl die Außentemperatur hoch war – bei einer schwarzen Abdichtungsfolie – stieg die Temperatur unter der Deckschalung nur auf 26 °C bei 22 °C auf der Raumseite. Die schwache Aufheizung stand in ungünstigem Verhältnis zur tiefen Abkühlung, was das Grundprinzip der Rücktrocknung – für die es Temperaturunterschiede braucht – dämpft. Die Taupunktkurve (schwarz) lag im Extremfall nur 1,8 K unter der Temperaturkurve, die bis -0,1 °C reichte (rel. F. bis 70 %). Die Spurbreite zwischen Taupunkt und Oberflächentemperatur war ein schmaler Grat. Die kalte Deckschalungsunterseite ist sehr tauwasserempfindlich (s. Abb. 5.5)

Ein weiteres Pilotfeld im Januar 2019 zeigte eine ähnlich geringe Spurbreite, allerdings mit 10 cm XPS-Überdämmung (s. Abb. 5.7). Es ist deutlich erkennbar, dass die Deckschalentemperatur keine Ausschläge mehr zeigt, wobei diese jedoch mit einem Minimalwert von 2,5 °C an den zeitweiligen Taupunkt von -0,2 °C nahe heranreichte (rel. F. bis 65 %).

Die Differenz zum Taupunkt beim unbelüfteten und voll gedämmten Flachdach ohne Überdämmung (Abb. 5.6) lag im Oktober bei 1,9 K und mit Überdämmung (Abb. 5.7) im Januar bei 2,7 K. Die 10 cm XPS-Überdämmung (WLG 032) brachte lediglich den Zugewinn eines Sicherheitsabstands zum Taupunkt von vergleichsweise 0,8 K. Die Überdämmung erscheint insofern mehr als ein Hineingeraten in eine Versuchung, wenn man einmal die Bedeutung der Daten analysiert. Auch ein Ziel muss sich erst einmal an die richtige Stelle begeben.

5.3 Feldversuch

Abb. 5.5 Kalte raumseitige Deckschalung mit Tauwasser

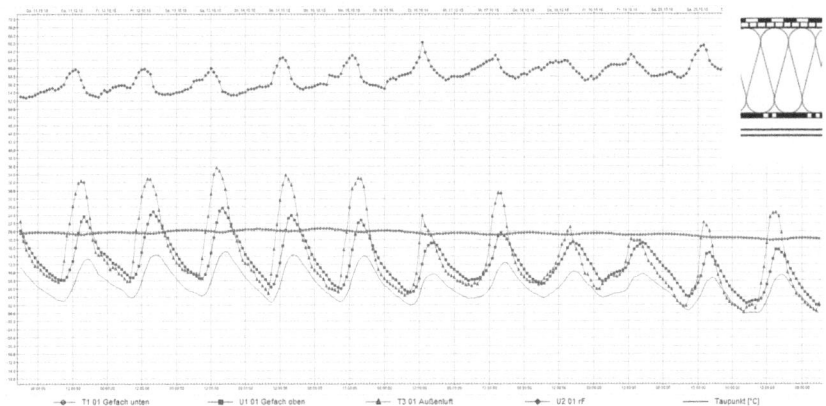

Abb. 5.6 Sanierungsexperiment, Monitoring am Bestandsdach unbelüftet und vollgedämmt

Die Überdämmung müsste vorliegend erhebliche größere Dämmstärken aufweisen, um überhaupt Vorteile ausbilden zu können, denn je dicker die Vollsparrendämmung, umso wirkungsloser die Überdämmung. Wenn an der Deckschalung kaum noch Wärme von unten ankommt, wird die Überdämmung nutzlos. Aus diesem physikalischen Grundsatz heraus ergibt sich ein verblüffender Mix: Nur eine dicke Überdämmung entfaltet eine brauchbare Wirkung (die Deckschalung bleibt im Winter warm). Aber nur eine dünne Überdämmung gewährleistet noch die Rücktrocknung (Aufheizen des Daches im Sommer).

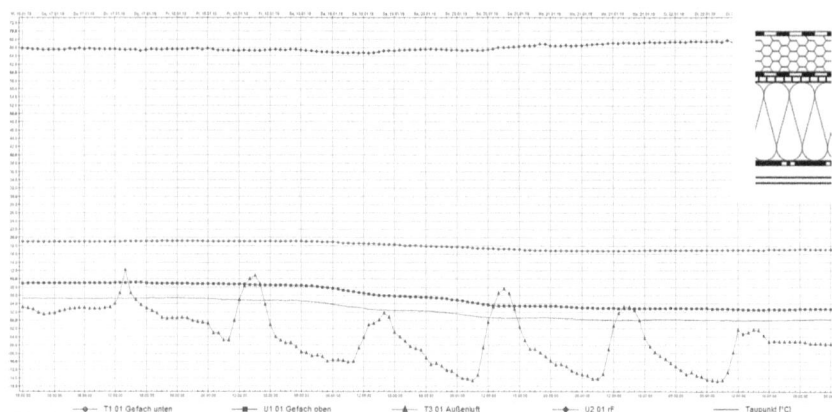

Abb. 5.7 Sanierungsexperiment, Monitoring am Bestandsdach unbelüftet und vollgedämmt aber mit XPS-Überdämmung

Anders im Vergleich die Aufdachdämmung (s. Abb. 5.8). Hier schlägt der Sicherheitsgedanke voll durch (rel. F. bis 40 %). Die Spurbreite zwischen Taupunkt und Deckschale ist kein Grat, sondern eine breite Trasse von fast 14 K. Die Unterschreitung des Taupunkts wird somit sicher verhindert.

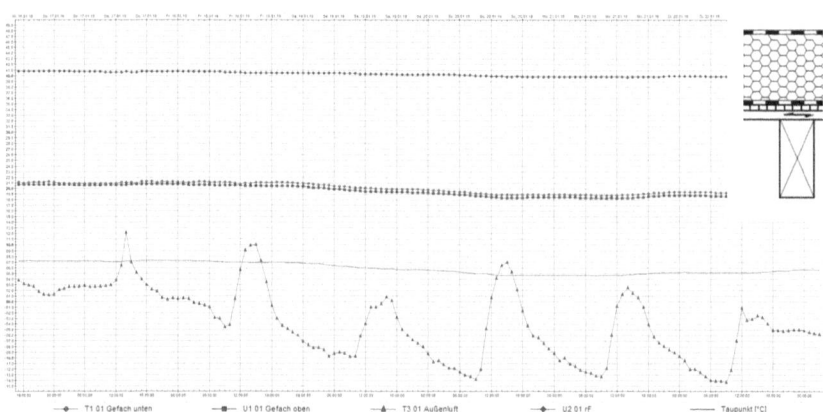

Abb. 5.8 Sanierungsexperiment, Monitoring am Pilotfeld mit Aufdachdämmung im sicheren Bereich

Hygrothermische Simulationsberechnung 6

6.1 WUFI

Die hier diskutierten, flach geneigten Dachaufbauten sind nach der Holzschutznorm nicht verboten. Es ist auch nicht verboten, mit einem Tretboot den Atlantik zu überqueren. Mit mentaler Kraft und Schwimmweste kann man das machen. Wenn man zahlreiche Bedingungen befolgt und eine wissenschaftliche Prognose mit einem Simulationsprogramm voraussagt, kann man sie bauen. Wenn es dann in der Theorie funktioniert, ist die glaubensgesättigte Norm glücklich. Diese Simulationsprogramme berechnen den gekoppelten Wärme- und Feuchtetransport von mehrschichtigen Bauteilen unter natürlichen Klimabedingungen, inkl. der Berücksichtigung von Temperatur und Feuchte, Sonnenlichteinfluss, Wind und Wetter, Verdunstungskälte wie auch von Sorption und Kapillarität der Baustoffe. Das ist Ingenieurwissenschaft, klingt aber ein wenig nach Anomalien im Bermuda-Dreieck, was, wie ich weiß, sich einem Teil der Leser sowie einer Mehrheit der nach Selbstbeurteilung durchschnittlichen Bevölkerung nicht erschließt.

Wenige Befürworter dieser Bauweise argumentieren, durch einen solchen hygrothermischen Nachweis bspw. mittels WUFI könne der rechnerische Beweis und damit die normgerechte Legitimierung „selbstkompostierender Flachdächer" erreicht werden. Das ist ein ziemlich theoretischer Grundsatz, denn die Überschrift unserer Holzschutznorm lautet: *„Vorbeugende bauliche Maßnahmen im Hochbau"* [36]. Dabei scheint mir in Ansehung gesicherter Erkenntnisse dieser Schlagzeile naheliegend, dass es grundsätzlich nicht um den theoretischen Holzschutz geht, sondern um den konstruktiven.

Nur am Rande und aus technischer Kleinkrämerei will ich hier den Anwendungsbereich der Norm unterstreichen: *„Diese Norm legt vorbeugende bauliche*

Maßnahmen zur Sicherung der Dauerhaftigkeit von Bauteilen aus Holz oder Holzwerkstoffen fest." Eine *„bauliche Maßnahme"* ist aber keine numerische Simulation, sondern eine von der Norm glasklar gestellte und sodann selbsterfüllend beantwortete Vorgabe, und zwar eine *„planerische, konstruktive, bauphysikalische und organisatorische Maßnahme, die eine Minderung der Funktionstüchtigkeit von Holz und Holzwerkstoffen ... verhindert oder einschränkt"*

Die übergroße Mehrheit der zurechnungsfähigen Bundesbürger versteht den Terminus *„Verhindern"* als Inbegriff und sinnstiftendes Ziel von *„unmöglich machen"*. Das erreicht man, wie auch der Informationsdienst Holz in seinem Leitfaden bestätigt, durch konstruktive, sprich präventive bauliche Maßnahmen (Informationsdienst Holz: Holzschutz – Bauliche Maßnahmen, 2015 Holzbau handbuch; 5/2/2). Bitte überlegen Sie sich, verehrte Leserinnen und Leser, einmal kurz die Logik und das Anliegen dieser Regelung: Eine rechnerische Prognose mit Simulationsprogrammen ist kein bestimmungsgemäßes *„Verhindern"*, sondern ein mutmaßendes *„Vorhersagen"*. Die theoretische Prophezeiung kann allerdings als Mittel für ein praktisches Verhindern – auch in Abhängigkeit des Anwenders – gewaltig ins Schwanken geraten. Diese Überzeugung mag auf meiner limitierten Rezeption beruhen – wie aber eine (vorausgehende) abstrakte Berechnung das (zukünftige) konkrete Eindringen von Wasser verhindern soll, ist mir nicht ganz klar. Ich habe dazu in der deutschen Berichterstattung und Kommentierung noch nichts Erhellendes gelesen. Das Bauen unterscheidet sich von allen anderen Produktionsarten dadurch, dass Entwicklung und Produktion just in time bei Wind und Wetter ohne Prototyp erfolgt. Es ist nicht wie im Automobilbau, wo ein Auto über einen langen Zeitraum entwickelt wird, Vorserien gebaut, getestet und optimiert werden. Und tatsächlich zeigt die Praxis, dass sich die Zuverlässigkeit mit wachsender Größe handwerklichen Drucks bei geringer Fehlertoleranz zusehends einer konkreten Voraussehbarkeit entzieht. Das vorschriftsmäßige Verhalten dieser Dächer ist grundsätzlich nicht immer konkret und endgültig vorhersehbar. Anders und direkt gesagt: Ich würde bei diesem Flachdachaufbau maßgeblich zu Misstrauen bei Vorhersage(r)n raten. Misstrauen, das man, anders als naturgesetzliche Abläufe, selbstverständlich immer vermeiden könnte, wenn man denn vorher sicher wüsste, was nachher garantiert herauskommt.

In einer Kommunikationswelt, in welcher Vision und Tatsache oft umeinander purzeln wie Lotto-Kugeln in der Sechs-aus-neunundvierzig-Maschine, geht da ziemlich oft ziemlich viel daneben. Durcheinanderbringen kennt man aus jeder Talkshow. Einer sagt brutto statt netto oder vertauscht einen Monet mit einem Manet, und schon geht seine Argumentation den Bach runter. Es reicht nicht aus, dass der Planer den Erfolgseintritt hätte prophezeien können oder müssen. Das hat, wie fast alle Langzeitregeln, seinen guten Grund: Realität ist nicht immer die Erfüllung einer Prognose: *„Ich gebe zu Konstruktionen mit feuchteadaptiven Dampfsperren noch Folgendes zu bedenken: Solange es noch keine Berechnungsmethoden gibt, die einfach anwendbar sind, halte ich Konstruktionen, bei denen man sich auf die feuchteadaptive Dampfsperre verlassen muss, für kritisch. Im durchschnittlichen Hochbau sollten nur Systeme verwendet werden, die ein normaler Planer bzw. Ausführender auch im Hinblick auf ihre Funktionsfähigkeit beurteilen kann* [37].*"* Das ist sowohl richtig als auch schön gesagt, allerdings selbstverständlich. Die Berechnungsmethoden sind wissenschaftlich akkreditiert und in Fachkreisen durchweg bekannt, aber sind sie aufgrund praktischer Anwendung allerorts etabliert?

6.2 Überprüfung der Redundanz

Eine Bauweise muss Redundanzen (die Möglichkeit der Rücktrocknung) aufweisen und eine rechnerische Validierung sollte auch deswegen konservative Ansätze wählen, um die Fehlertoleranz realistisch betrachten zu können. In WUFI wird bei der hygrothermischen Simulation das Feuchteverhalten eines Bauteils oder Bauteilsystems über einen bestimmten Zeitraum betrachtet, einschließlich der Feuchtebelastung und der Möglichkeit zur Rücktrocknung. Die Rücktrocknung beschreibt, wie schnell und in welchem Umfang eingebrachte oder eingedrungene Feuchtigkeit (z. B. durch Schlagregen oder Kondensation) wieder aus einem Bauteil entweichen kann, also wie redundant die Bauweise ist.

Die Holzschutznorm DIN 68800 [38] fordert für die Bemessung von Leichtbaukonstruktionen nicht nur die Berücksichtigung des Feuchteeintrags über Diffusion, sondern auch über Luftströmung. Die in Abhängigkeit von der Luftdichtheit konvektiv in die Konstruktion eindringende Feuchtemenge wird in der WUFI-Simulation über das Infiltrationsmodell des IBP [39] berücksichtigt. Es handelt sich um vorkonfigurierte Parameter, die ausschließlich unerwünschte Feuchteeinträge über Konvektion zur Auswahl geben. Hierbei wird bspw. eine Feuchtequelle im unteren Bereich der OSB-Platte des Dachaufbaus im Programm eingebracht (im Falle einer Konvektionsströmung von innen nach außen fällt das Tauwasser an dieser Stelle aus). Ohne eine solche Redundanzprüfung macht die hygrothermische Betrachtung keinen Sinn. Deswegen verlangt auch das WTA-Merkblatt 6–8[121] die Berücksichtigung einer solchen Feuchtequelle. Im Allgemeinen werden drei Feuchtequellen des IBP, die in WUFI voreingestellt sind, verwendet:

- Luftdichtheitsklasse A – Infiltration mit $q_{50} = 1$ m^3/(m^{2}h)
- Luftdichtheitsklasse B – Infiltration mit $q_{50} = 3$ m^3/(m^{2}h)
- Luftdichtheitsklasse C – Infiltration mit $q_{50} = 5$ m^3/(m^{2}h)

Hierbei gilt zu erwähnen, dass die Luftdichtheitsklassen A und B (nach deutschen Standards) nach der DIN 4108-3 [40] nicht (mehr) angewendet werden sollen. Dieser Ansatz ist in der Baupraxis unrealistisch. Nach DIN 4108-3 soll zur Prüfung der Redundanz als Standardfall deswegen die Luftdichtheitsklasse C verwendet werden. Hierbei werden aber ausschließlich Infiltrationen durch Luftkonvektion (Wasserdampf) bewertet. Kleinere Undichtheiten (Wasser in tropfbar flüssiger Form), bspw. wegen kleiner Fehlstellen in der Abdichtung werden hierbei nicht berücksichtigt.

Ein wichtiger Aspekt bei der Simulation ist aber auch eindringende Feuchtigkeit in flüssiger Form, die nicht erst auskondensieren muss., wie bei IBP-Modellen. In den Fokus rückt zwangsläufig auch der ungewollte Feuchteeintrag über kleine Niederschlagsleckagen an Anschlüssen oder Übergängen, Beregnung in der Bauphase, höhere Einbaufeuchte, Flankendiffusion usw. Diese Parameter bleiben in der Simulation unberücksichtigt, denn die Luftdichtheitsklassen sind von diesen Konkretheiten weitgehend befreit. Sie sehen solche Feuchteeinträge nicht vor, sondern ausschließlich eine Tauwasserbildung, also nur feuchtwarme Luft, die eindringt und kondensiert. WUFI empfiehlt deswegen in seiner praktischen Anwendungsempfehlung in den Sommermonaten eine sog. Verdunstungsreserve von 250 g/m^2. So kann Wasser, das auch über andere Wege ins Dach gelangt ist, wieder rücktrocknen. Damit sind wir zielsicher dort angekommen, wo alle Wege hinführen: Es handelt sich dabei um eine Grundsatzforderung, die in der Holzschutznorm, DIN 68800-2 [41], schon lange verankert ist.

Die WUFI-Empfehlung berücksichtigt das Einbringen von 0,25 L/m^2 in den Monaten Dezember, Januar und Februar. Diese Quelle ist nicht explizit auf Konvektion abgestellt (wie die Luftdichtheitsklassen), sondern berücksichtigt Wasser im Dach, ganz gleich, woher es stammt [42]. Ich nenne es das „3-Monats-Modell." Diese 0,25 L je Monat Dezember, Januar und Februar sollen im Sommer wieder vollständig austrocknen können, wie man sagt, was „reinkommt" muss auch „wieder raus." Diese Regelung ist eindeutig und unmissverständlich. Es ist daher zielführend, diese Feuchtemenge beim Vergleich zwischen Tauwassermenge und Verdunstungsmenge bei Holzkonstruktionen zu berücksichtigen. Die Entscheidung, welche Feuchtequelle bei einer Redundanzprüfung zum Einsatz kommt, obliegt dem Programmanwender. Ich habe schon Berechnungen gesehen, die überhaupt keine Feuchtequelle berücksichtigten, was eine Simulation ad absurdum führt

6.3 Die Bedeutung des Standorts

Das Wetter hat einen zentralen Einfluss auf die Hygrothermik und auf die Rücktrocknungsfähigkeit einer Holzkonstruktion. Die rechnerischen Simulationen solcher Flachdachaufbauten zeigen aber auf eine spektakuläre Weise nur eine der beispielhaften Schwächen der Bauart: den Standort. Im Besonderen ist die Absorption durch solare Wärmegewinne entscheidend. Unterschiede im Simulationsergebnis, wie auch in der Realität arbeiten sich dann besonders heraus, wenn Standorte weit voneinander entfernt sind (bspw. Nord-Süd-Gefälle), bzw. überregionale Abweichungen aufweisen.

So habe ich beispielhaft und zur Veranschaulichung eine feuchtetechnische Simulation eines zum Redaktionsschluss streitgegenständlichen Flachdaches mit unterschiedlichen Klimastandorten und der Luftdichtheitsklasse C berechnet, wobei alle anderen Parameter mit Ausnahme des Standorts unverändert geblieben sind. Während ein Flachdach in Wien auch mit feuchtevariabler Dampfbremse (FvDb) schleichend vegetiert und in Tromsø bei sonst gleichen Bedingungen geradezu implodiert, erfreut sich ein und dieselbe Konstruktion in der wärmenden Sonne Málagas ewigen Lebens. Nachfolgend finden Sie für das technisch völlig gleichbleibende Flachdach – aber an unterschiedlichen Standorten – die Ergebnisse für Wien, Málaga (Spanien), und Tromsø (Norwegen).

6.3.1 Simulation am Standort *Wien*

Im 10. Jahr wird die kritische Grenze für die Wachstumsbedingungen für holzzerstörende Pilze – wegen etwas moderateren Klimabedingungen (kein voralpines Tal) – an 214 Tagen im Jahr im Dach erreicht, bzw. überschritten. Das Dach versagt (s. Abb. 6.1).

	1.Jahr	2.Jahr	3.Jahr	4.Jahr	5.Jahr	6.Jahr	7.Jahr	8.Jahr	9.Jahr	10.Jahr	
Anzahl an d über der Grenze	123	136	154	161	169	172	185	192	203	214	d
Maximum RH bei >0°C	96,0	96,1	96,4	96,7	96,9	97,1	97,2	97,3	97,4	97,5	%

(Fortsetzung)

(Fortsetzung)

| Min. Differenz Grenze | −4,52 | −4,64 | −4,92 | −5,20 | −5,46 | −5,73 | −6,05, | −6,46 | −6,71 | −6,83 | % |

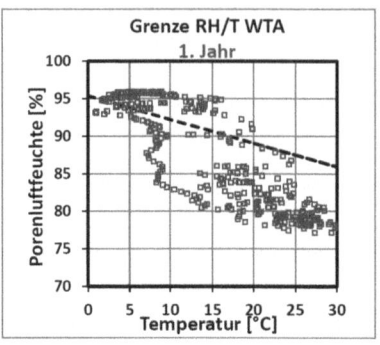 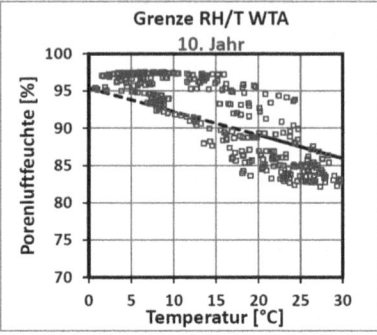

Abb. 6.1 In Wien ist der Wassergehalt über die kritische Marke gestiegen

6.3.2 Simulation am Standort *Málaga*

Im 10. Jahr wird die kritische Grenze für die Wachstumsbedingungen für holzzerstörende Pilze – wegen des heißen und sonnigen Standorts – an 0 Tagen im Jahr im Dach erreicht, bzw. überschritten (s. Abb. 6.2). An diesem Standort würde das streitgegenständliche Dach problemlos funktionieren, weil ausreichend solare Wärmegewinne für die Rücktrocknung von Wasser im Dach zur Verfügung stehen.

	1.Jahr	2.Jahr	3.Jahr	4.Jahr	5.Jahr	6.Jahr	7.Jahr	8.Jahr	9.Jahr	10.Jahr	
Anzahl an d über der Grenze	0	0	0	0	0	0	0	0	0	0	d
Maximum RH bei >0°C	86,9	87,8	88,0	88,1	88,1	88,2	88,3	88,4	88,5	88,6	%
Min. Differenz Grenze	3,01	2,15	2,03	1,93	1,84	1,74	1,65	1,56	1,46	1,37	%

6.3 Die Bedeutung des Standorts

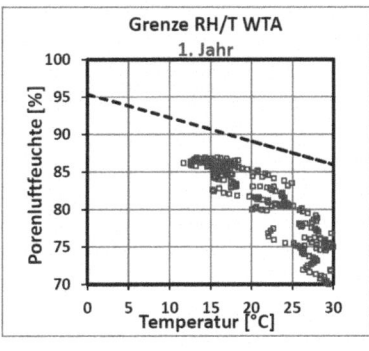 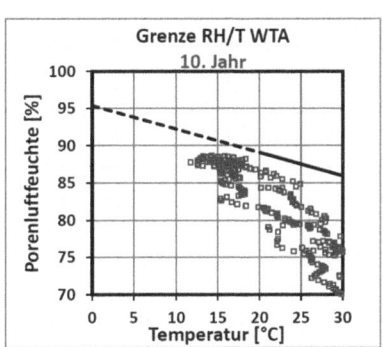

Abb. 6.2 In Málaga bleibt der Wassergehalt dauerhaft unproblematisch, hier funktioniert das Dach

6.3.3 Simulation am Standort *Tromsø*

Im 10. Jahr wird die kritische Grenze für die Wachstumsbedingungen für holzzerstörende Pilze – wegen der transsibirischen Klimazone – an 330 Tagen im Jahr im Dach erreicht, bzw. überschritten (s. Abb. 6.3). An diesem Standort würde das Dach niemals funktionieren, weil aufgrund der Lage praktisch keine solaren Wärmegewinne für die Rücktrocknung zur Verfügung stehen.

	1.Jahr	2.Jahr	3.Jahr	4.Jahr	5.Jahr	6.Jahr	7.Jahr	8.Jahr	9.Jahr	10.Jahr	
Anzahl an d über der Grenze	182	231	297	331	332	331	331	333	334	330	d
Maximum RH bei >0°C	98,2	98,1	98,4	98,8	99,0	99,1	99,2	99,3	99,4	99,4	%
Min. Differenz Grenze	−7,00	−7,21	−7,76	−8,06	−8,51	−8,99	−9,24	−9,49	−9,72	−9,92	%

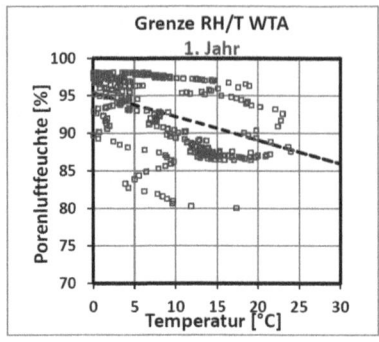 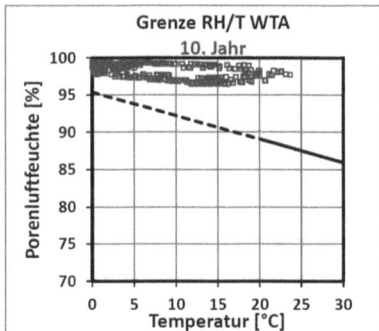

Abb. 6.3 In Tromsø ist der Wassergehalt über die kritische Marke gestiegen

Die unterschiedlichen Standortuntersuchungen bei stets gleichbleibenden konstruktiven Voraussetzungen zeigen anschaulich, wie wichtig der Standort bei wenig fehlertoleranten Bauarten sein kann. Je weniger fehlertolerant, umso wichtiger der Standort. Die Überlebenswahrscheinlichkeit solcher Aufbauten steigt, je trockener und wärmer ein Standort ist. So haben auch die Kollegen Bludau, Zirkelbach und Künzel vom Fraunhofer Institut für Bauphysik für einen vergleichbaren Dachaufbau festgestellt, dass dieser zwar mit den Klimadaten von Holzkirchen versagt, mit einem Standort von Palma de Mallorca jedoch *„problemlos funktionieren würde* [43].*"* Rücktrocknung braucht viel Sonne. Das ist, wenn ich es einmal vorsichtig ausdrücken darf, nicht besonders bauherrenfreundlich, da ja nicht zuletzt die Brisanz des Standorts offenkundig ist. Jeder weiß, dass es für das Leben gerade auf Differenzierungen ankommt. Wer meint, dass Schaden und Verlust dasselbe seien, wird im Baurecht Probleme bekommen. Und wer Wien, Tromsø und Málaga allesamt als „Bauland" bezeichnet, könnte nicht nur an der Strahlungsabsorption scheitern.

Informationsdienst Holz 7

Es gibt sichere und bewährte „unbelüftete Dächer" und es gibt intolerante und sehr risikoreiche. Die Neuerscheinung des INFORMATIONSDIENST HOLZ 2019 unterscheidet jetzt zwischen fünf Typen von Flachdächern (Typ I–V belüftet und unbelüftet, s. Abb. 7.1), hinzukommen geneigte Dächer (nicht im IFO Flachdach) [44]. Die kritischen Aufbauten sind Typ II und besonders Typ III (unbelüftet und vollgedämmt, „selbstkompostierendes Flachdach"). Die umfassend überarbeitete technische Information des INFORMATIONSDIENST HOLZ beschreibt nun drei Typen von unbelüfteten Flachdächern:

- Typ I Wärmedämmung oberhalb der Tragebene (Aufdachdämmung)
- Typ II Wärmedämmung in der Tragebene mit Überdämmung
- Typ III Wärmedämmung ausschließlich in der Tragebene (Sonderkonstruktion)

Auf die Konstruktionsmerkmale soll hier nicht detaillierter eingegangen werden, die grundlegende Systematik ist in Abb. 7.1 und 7.2 dargestellt. Unzweifelhaft ist der Typ I eine sichere Bauweise: *„Das Flachdach mit Aufdachdämmung (Typ I) stellt die sicherste und robusteste Konstruktionsvariante dar, weil die Tragkonstruktion durch zwei Abdichtungsebenen vor Nässe geschützt und sie dem trockenen Innenraumklima ausgesetzt ist."* Der Typ III gilt nun auch in dieser anerkannten Schrift als Sonderkonstruktion mit einer geringen Fehlertoleranz und erhöhter Schadensanfälligkeit. Alles absolut richtig, daher: Zustimmung.

© Der/die Autor(en), exklusiv lizenziert an Springer Fachmedien Wiesbaden GmbH, ein Teil von Springer Nature 2025
I. Kern, *Das selbstkompostierende Flachdach*, essentials,
https://doi.org/10.1007/978-3-658-47850-6_7

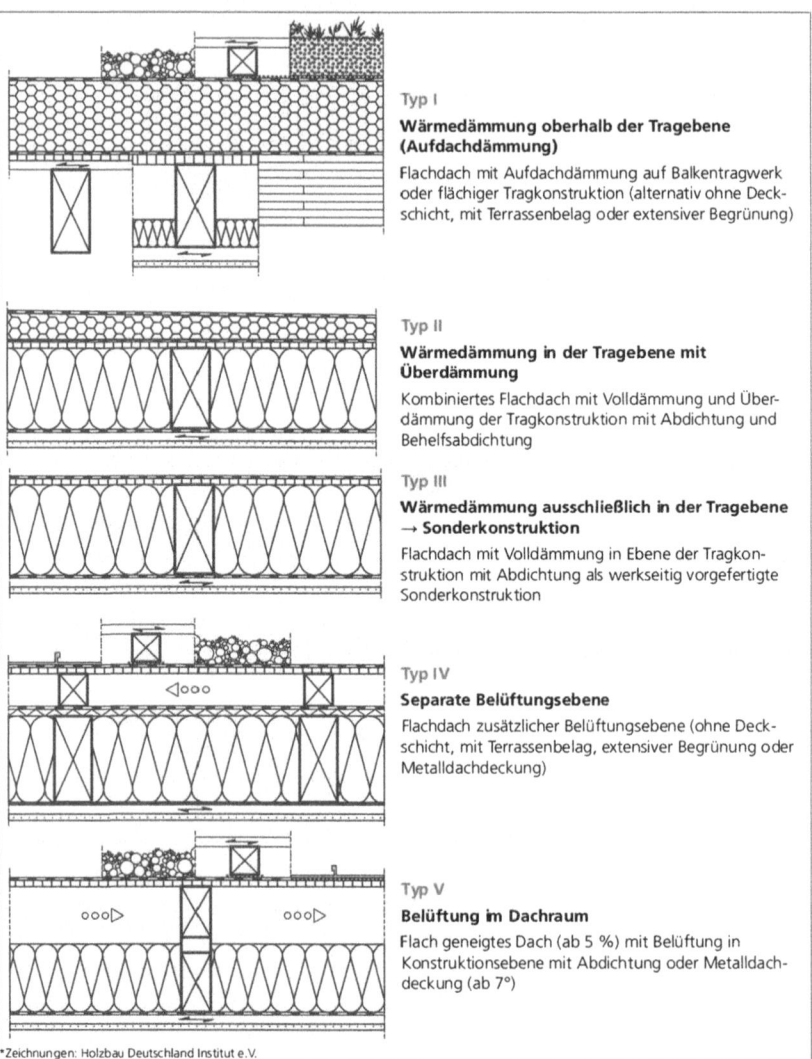

Abb. 7.1 Neuauflage IFO Flachdachtypen I–V

BEDINGUNGEN FÜR DIE FUNKTIONSTÜCHTIGKEIT DES BAUTEILS						
Verschattung	Luftdurchlässigkeit	Holzfeuchte	Jahresmittel-temperatur	Höhe Luftverbund	Raumluft-feuchte	
Verschattung beachten!	$q_{50} \leq 3$ m³/m²·h oder $\leq 1{,}5$ m³/m²·h	max. 18 M.-%	6,5°C – 9,0 °C oder $\geq 9{,}0$ °C	Höhe ≤ 8 m (bis eingeschossig)	normale (+ 5 %) Feuchtelast	

Abb 7.2 Grundbedingungen nach IFO Flachdach 2019 für die Ausführung von Typ II

7.1 Überdämmung als Lösung?

Nur wenn der sichere Typ I bautechnisch nicht möglich ist, stellt der nicht unumstrittene Typ II mit Überdämmung einen Gegenentwurf dar, an den jedoch entscheidende Vorbedingungen geknüpft sind. Die Hürden für eine Typ II-Ausführung liegen nicht unerreichbar, aber dennoch hoch. Zunächst einmal muss die „bautechnische Unmöglichkeit" einer Typ I-Planung vorliegen, so der IFO 2019, was darzulegen und zu beweisen wäre. In der Schrift sind die vielen Grundbedingungen für den Typ II anschaulich und plakativ dargestellt (s. Abb. 7.1). Die IFO-Schrift warnt davor, dass bei der Verwendung feuchtevariabler Dampfbremsen bei Typ II und III auf die Gefahr eines Feuchteeintrags durch Diffusion hingewiesen werden müsse. Entscheidet man sich doch für den Typ II, muss eine Messung der Luftdichtheit inkl. Leckageortung und eine hygrothermische Simulation nach DIN EN 15026 [45] erfolgen. Die Holzfeuchte muss dokumentiert werden, die Jahresmitteltemperatur am Standort ist zu berücksichtigen, die Verschattung, der zusammenhängende Luftverbund sowie die zu erwartende Feuchte aus der Nutzung (s. Abb. 7.2).

7.2 Überdämmung als Risiko?

Hierzu einige grundsätzlich Anmerkungen: Ist ein Gleichgewichtszustand des Wasserdampfes in einem Dach vorhanden, findet keine Rücktrocknung statt. Unter dem Einfluss eines Temperaturgefälles beginnt eine Umlagerung des Wassergehaltes, wobei die wärmeren Bereiche relativ trockener und die kälteren, bei steigender rel. Luftfeuchte feuchter werden. Der Rücktrocknungsprozess beruht vor allem auf der Energie von außen und damit höheren Molekularbewegungen. Nur bei innen geringen s_d-Werten und hohen Temperaturen kommt es zur

Trocknung nach innen. Die Temperaturdifferenz braucht es für die Rücktrocknung. Dieser Effekt geht am Flachdach verloren, wenn Zusatzdämmungen als Therapeutikum auf die Abdichtung aufgebracht werden. Das Tauwasserrisiko an der Deckschalung wird zwar eliminiert. Die Rücktrocknungsfähigkeit des Daches wird aber durch eine Überdämmung deutlich reduziert. Im IFO-Infokasten wird zwar gewarnt, dass Verschattungen, helle Abdichtungen, Bekiesung oder Begrünung die Rücktrocknung zum Raum hin reduzieren und zur kontinuierlichen Auffeuchtung führen können, der wichtige Hinweis, dass eine Überdämmung dazu auch befähigt ist, fehlt aber. Die notwendige Energie kommt nicht mehr an, wobei hier die Pointe freilich ist, dass paradoxerweise gerade Holzbaukonstruktionen diese Trocknungsreserve (Energiezufuhr) unbedingt brauchen.

Ein führender Hersteller von Dampfbremsbahnen konkretisiert: *„Entscheidend für die Bauschadensfreiheit einer Konstruktion: hohe Trocknungsreserven* [11]*."* Sie ist eine maßgebende Größe für die Robustheit von beidseitig geschlossenen Bauteilen, die sicherstellt, dass auch unplanmäßige Feuchteeinträge noch sicher austrocknen. Die Herabsetzung der Rücktrocknung widerspricht der Grundsatzforderung von zusätzlichen Trocknungsreserven in der bauaufsichtlich eingeführten DIN 68800-2 Abs. 5.2.4. Die technische Kommission Flachdach nennt die Probleme der Überdämmung (Typ II) beim Namen: *„Geringe Fehlertoleranz. Ohne oder mit geringem Austrocknungspotenzial. Von einer handwerklichen Baustellenfertigung ist abzusehen* [46]*."*

Rechtliches 8

8.1 Sonderkonstruktion

Nach Einschätzung des Zentralverbands des deutschen Dachdeckerhandwerks handelte es sich hierbei um eine nicht alltägliche „Sonderkonstruktion", bei der besonders hohe Sorgfaltsmaßstäbe für die Planung gelten [47]. Unter den vielen Erkenntniszuwächsen dieser Tage betrachten wir auch die baurechtliche Themensammlung für Baujuristen näher: *„Die nicht belüftete Konstruktion sollte erkennbar als das deklariert werden, was sie ist, nämlich eine Sonderkonstruktion, bei der viele Details bei Erstellung und während der Nutzung zu beachten sind. Mit den neueren Regeln lassen sich Dächer sicherer planen – allerdings als Sonderkonstruktionen mit einer geringeren Fehlertoleranz, die nur gewählt werden sollten, wenn andere Konstruktionen nicht möglich sind. Nicht belüftete, außenseitig diffusionsdicht abgedeckte Konstruktionen bergen die Gefahr von Schäden, wenn von den erläuterten Regeln abgewichen wird. Planer sollten ihre Kunden über die möglichen Risiken aufklären, um sich bei Schadensfällen nicht dem erheblichen Risiko einer Inanspruchnahme auszusetzen* [48]."

Das Konstruktionsbewusstsein im Ganzen gerät in Bewegung. Natürlich wird ein ambitionierter Theoretiker auch heute noch versuchen, systematische Erklärungsversuche anzubieten, doch ehe er in seiner Rede das erste Mal Luft geholt hätte, haben die neuen Flachdachrichtlinien in ihrer Ausgabe vom Dezember 2016 Fakten und damit den größten Epochenbruch geschaffen: *„Dächer in Holzbauweise mit Vollsparrendämmung ohne Hinterlüftung der Abdichtungsunterlage haben sich in der Praxis als sehr schadensträchtig gezeigt. Solche Bauteile sind als Sonderkonstruktionen zu betrachten* [49]." Wenn diese Botschaft Sie jetzt zu gesteigertem Misstrauen nötigt, dann sind Sie ab sofort zu besonderer Sorgfalt verpflichtet [50].

Die DIN 18531:2017-07 bestimmt: *„Für Dachschalungen aus Vollholz/ Holzwerkstoffen in vollsparrengedämmter, nicht belüfteter Bauweise sind zur Vermeidung von schweren Holzschäden gesonderte bauphysikalische Nachweise zur Trocknungsreserve, verschärfte Anforderungen an die Trockenheit der verbauten Holzbauteile, Regenschutzmaßnahmen während des Einbaus sowie besondere Anforderungen an die Oberflächenfarbe der Abdichtung und die Verschattung der Dachfläche zu beachten. DIN 68800-2 und DIN 4108-3 sind zu berücksichtigen* [51].*"* „Schwere Holzzerstörungen", so der Untertitel – ein durchaus sinn- und identitätsstiftender Terminus.

Sonderkonstruktionen haben juristische Sprengkraft und das ist gut so. Sonderkonstruktionen können fortschrittliche, innovative oder praktikable Lösungen darstellen. Sie können aber mit unvermeidbaren Risiken und Nachteilen verbunden sein, auf die der Auftraggeber ausdrücklich hingewiesen werden muss. Wenn sie nämlich mit Einschränkungen und Nachteilen verbunden sind oder wenn auch nur das Risiko besteht, dass das Werk nicht uneingeschränkt funktionstauglich ist, muss man vor Vertragsschluss auf die Nachteile der Sonderkonstruktion hinweisen. Zur Vermeidung seiner Haftung für unvermeidbare Nachteile, Einschränkungen der Funktionstauglichkeit und Risiken muss der Auftragnehmer ausdrücklich mit dem Auftraggeber einen Haftungsausschluss vereinbaren [52]. Gerade bei der Planung einer Sonderkonstruktion sind hohe Anforderungen an den Planer zu stellen [53]. Der Unternehmer muss die Planung einer Sonderkonstruktion prüfen [54]. Damit alles im Gleichgewicht bleibt, muss der Architekt erkennen, dass ein Dachschichtenaufbau mit einer Dampfbremse durch einen Fachplaner für thermische Bauphysik zu konzeptionieren ist [55]. Mit diesem Urteil hat die obergerichtliche Rechtsprechung eine gute, starke und geistig klare Linie gezogen. Für das Gelingen des Bauwerks entscheidende Details, die der jeweilige Gesamtschuldner zu betreuen hat, muss dieser mit besonderer Sorgfalt prüfen [56]. Besonders überwachungsbedürftig sind sowieso die Ausführung von Dampfsperrbahnen [57], Dachabdichtungen[58] sowie grundsätzlich sämtliche Bereiche der Bauphysik [59]. Für Neubauten kommen Sonderkonstruktionen nicht infrage, denn bei Neubauten sind sichere Alternativen frühzeitig planbar [60]. Die Kernaussage des gerichtlich bestellten Sachverständigen bereits beim Ortstermin, unbelüftete Holzdachkonstruktionen könnten nicht schadenfrei erstellt werden, sei insbesondere unter dem Aspekt der Klarheit nicht zu beanstanden [61].

Juristisch gelten Sonderkonstruktionen als weniger zuverlässig gebrauchstauglich [62]. Sie besitzen eine geringere Fehlertoleranz, die nur gewählt werden sollten, wenn andere Konstruktionen nicht möglich sind [63]. Das gilt gleichlautend auch für den Typ II (Flachdach mit Überdämmung), der nur gebaut werden

8.1 Sonderkonstruktion

soll, wenn der sichere Typ I bautechnisch nicht möglich ist, wobei von „bautechnisch" die Rede ist und nicht von „finanziell", wie man sagt. Sparsamkeit neigt dazu, sich gegen den Sparenden zu wenden. An diese „bautechnische Unmöglichkeit" sind hohe Hürden gesetzt. Nur in Ausnahmefällen wird die objektive (technische) Unmöglichkeit der Herbeiführung des vereinbarten Leistungserfolges zu bejahen sein, etwa wenn die Parteien eine Funktionalitätsvereinbarung getroffen haben, die nicht zu verwirklichen ist [64]. Das Tatbestandsmerkmal der Leistungsstörung ist allerdings zwischen Unmöglichkeit, Unverhältnismäßigkeit und Unvermögen zu unterscheiden. Gerade bei der Planung der Sonderkonstruktion sind schließlich hohe Anforderungen an den planenden Architekten zu stellen [65]. Wenn von vornherein feststeht, dass mit der Sonderkonstruktion auch nur das Risiko besteht, dass das Werk nicht uneingeschränkt funktionstauglich ist, muss der Unternehmer den Auftraggeber vor dem Vertragsschluss auf Nachteile der Sonderkonstruktion hinweisen und mit dem Auftraggeber einen Haftungsausschluss vereinbaren [66].

Die Schadensgeneigtheit, oder präziser formuliert, die geringe Fehlertoleranz sowie die Notwendigkeit eines für „normale Bauschaffende" nicht nachvollziehbaren hygrothermischen Nachweisverfahrens sind maßgeblich für die Sonderkonstruktion verantwortlich. In der Praxis wirft dies die Frage auf, wie mit derartigen Konstruktionen umzugehen ist, wenn ein Architekt, Dachdecker oder Bauträger ein vollgedämmtes und nicht hinterlüftetes Holzflachdach plant. Als Minimalkonsens kann davon ausgegangen werden, dass der Unternehmer den Erwerber über diese Tatsache und die damit verbundenen Kosten, Risiken und Gefahren ausdrücklich und hinreichend aufklären muss. Unterlässt er dies, liegt ein Mangel vor [67].

Weil die Praktiker konfrontiert mit den Tücken des Materials, den handwerklichen Grenzen der Machbarkeit und den Überraschungen des Bauablaufs häufig situationsbezogen und nach eigenem Ermessen handeln, haben sich dampfdichte Folien in der Bauwirklichkeit als äußerst problematisch gezeigt. Auch eine rechnerisch nachweisbare Konstruktion kann durch kleinste Schwächen versagen [68]. Eine der normativen Prämissen wurde daher die Verwendung einer feuchtevariablen diffusionshemmenden Schicht [69]. Sie erhöht die Rücktrocknung nach innen. Eine rasche Austrocknung größerer Feuchtigkeitsmengen ist aber nicht gewährleistet, außerdem findet sie nur in der warmen Jahreszeit statt. Feuchtevariable Dampfsperren können im Einzelfall eingesetzt werden, sollten aber nicht Grundlage einer Planung werden [70].

Die Dinge verschlimmern sich allerdings, wenn man die Krankheit dadurch zu kurieren sucht, dass man ihr Vorhandensein leugnet und sie Gesundheit nennt. Genau dieses Konzept radikaler Leugnung kranker Zustände sanktionierte das

OLG Hamm. Es sah einen bewussten Pflichtenverstoß, wenn man die Regeln kennt, aber auf eine Schadensfreiheit vertraut [71]. Prof. Dr. Andres Jurgeleit, Richter am Bundesgerichtshof im für Bau- und Architektenrecht zuständigen VII. Zivilsenat, kommentierte im „Bausachverständige 2 | 2025" die rechtliche Systematik zu vollgedämmten und unbelüfteten Holzflachdächern. Er schrieb, dass eine rechtliche Einschätzung der Haftung der Beteiligten so gnadenlos einfach sei, dass sie kurz ausfallen könne. Er wertet die „selbstkompostierenden Dächer" als grundsätzlich vertragswidrig und erklärt, dass ein Architekt angesichts der Herausforderungen darlegen und beweisen müsse, dass er seine vertragswidrige Planung nicht zu vertreten habe, d. h. selbst leichteste Fahrlässigkeit ihm nicht vorzuwerfen sei (§ 280 Abs. 1 Satz 2, § 276 Abs. 1 BGB). Angesichts dessen, was an technischen Prämissen zu erfüllen ist, konnte und kann das nicht gelingen, so seine Überzeugung.

8.2 Urteile

Fraglos gehören Flach- und Gründächer in Holzbauweise zu den bauphysikalisch anspruchsvollsten und kritischsten Wärmedämmkonstruktionen im Baubereich. Wer sich schon länger und ohne Scheuklappen mit der Lage beschäftigt, wird immer deutlicher wahrnehmen, dass es zunehmend auch ein rechtliches Risiko bedeutet, sich auf diesen Pfad zu begeben. Der aktuelle Rechtskommentar der Landesbauordnung erkennt die Realität an: Kondensierende Feuchtigkeit könne in Holzkonstruktionen zu Fäulnis, zu Schädlingsbefall und über längere Zeit zur Gefährdung der Standfestigkeit führen, so der LBO-Kommentar. Diesem Problem sei mit einer angepassten Planung und Ausführung zu begegnen. Bei dem an Bedeutung gewinnenden Holzbau komme dem konstruktiven Holzschutz, also dem Fernhalten von Wasser und Feuchtigkeit bzw. dem Sicherstellen einer zügigen Abtrocknung, wesentliche Bedeutung zu [72].

Die Planung ist nach der ständigen Rechtsprechung fehlerhaft, wenn sie nicht den Regeln der Technik entspricht. Daraus resultiert ein Urteil, das dem Konzept der streitigen Flachdachkonzeption endgültig und dauerhaft die Absolution verweigert: Für die Annahme eines Baumangels reicht es bereits aus, wenn eine Ungewissheit über die Risiken des Gebrauchs besteht. Birgt die ausgeführte Werkleistung das Risiko eines späteren Schadens in sich, muss der Auftraggeber den Schadenseintritt nicht erst abwarten [73]. In diesem Fall liegt der Mangel nicht im Verstoß gegen Richtlinien, sondern in der Risikoungewissheit [74].

Entscheidet sich der mit der Ausführungsplanung und Bauüberwachung beauftragte Architekt für die Erstellung einer nicht belüfteten und vollgedämmten

8.2 Urteile

(Flach-)Dachkonstruktion, so das Landgericht Würzburg, habe er den Auftraggeber über die damit einhergehenden Risiken hinzuweisen. Die Planung des Architekten erfordere dann einen erhöhten Detaillierungsgrad an schadensträchtige Konstruktionen und im Rahmen der Bauüberwachung treffe ihn die Pflicht, die überwachungsintensiven Bauabschnitte, aus denen Feuchtigkeitsschäden resultieren könnten, besonders intensiv zu begleiten. Eine nicht belüftete Dachkonstruktion ist besonders anfällig für Feuchtigkeitsschäden, wenn die Holzfeuchte nicht genau kontrolliert wird. Dem Architekten hätte die Problematik der gewählten Konstruktion bewusst sein müssen, da es sich um eine risikobehaftete Bauweise handelt, die eine intensive Überwachung und detaillierte Planung erfordert. Das Urteil entspreche, so der Kommentar, einer Vielzahl gleichgerichteter Entscheidungen und bescheinige, dass die Planung einer nicht belüfteten (Flach-)Dachkonstruktion fehleranfälliger in Hinblick auf Feuchtigkeitsschäden sei [75].

Ein Urteil des OLG Stuttgart von 2023 (Az. 10 U 29/22) betrifft die mangelhafte Planung eines sogenannten „Warmdachs" in einer „Dicht-Dicht-Konstruktion". Diese Art der Dachkonstruktion habe zum Zeitpunkt der Errichtung (2011/2012) nicht mehr den allgemein anerkannten Regeln der Technik entsprochen, da sie aufgrund bekannter Schadensfälle als problematisch gelte. Das Urteil stellt klar, dass bereits die Schadensanfälligkeit eines solchen Daches als Mangel anzusehen ist, auch wenn noch kein konkreter Schadensfall eingetreten ist. Diese hier von mir auf den juristischen Kern reduzierte Begründung ist, dass eine potenzielle zukünftige Schadensanfälligkeit einen Mangel begründet, der den Auftraggeber zur Mängelbeseitigung berechtigt. Eine Abweichung von den anerkannten Regeln der Technik kann nur dann als zulässig erachtet werden, wenn der Auftraggeber über das Risiko einer solchen Abweichung in Kenntnis gesetzt wurde. Insbesondere sind die möglichen Konsequenzen einer solchen Abweichung, wie etwa die Notwendigkeit einer vollständigen Dachsanierung innerhalb eines Zeitraums von 10 bis 15 Jahren, zu thematisieren. Ein bloßer Hinweis auf die Schadensanfälligkeit ist nicht ausreichend. Der Mangel umfasste nicht nur eine theoretische Regelwidrigkeit, sondern auch eine praktische Anfälligkeit für Feuchtigkeitsschäden.

Der Beschluss des Bundesgerichtshofs vom 27.01.2021 – VII ZR 140/18 – sowie das Urteil des Oberlandesgerichts Koblenz vom 15.06.2018 (Az. 6 U 467/17) verdeutlichen die besondere Fehleranfälligkeit von diffusionsdichten, nicht belüfteten Flachdächern mit Holzbauteilen. Der Architekt wurde aufgrund unzureichender Überwachung und Planung zur Verantwortung gezogen. Daher hätte er bereits bei der ursprünglichen Planung und der ersten Sanierung Vorgaben zum s_d-Wert der Dampfbremse und zum Holzschutz machen müssen. Die bekannten Risiken dieser Bauweise waren bereits seit den späten 1990er Jahren Gegenstand entsprechender Fachliteratur sowie Normen. Dem Architekten wurde vorgeworfen, Feuchtemessungen unterlassen zu haben, was einen klaren Verstoß gegen seine Überwachungspflichten darstellte. Besonderen Anlass zur Kritik gab, dass er bei einer derart anfälligen Konstruktion die Risiken der Feuchtigkeitsansammlung hätte erkennen müssen.

In seinem Urteil vom 5. Juli 2023 (Az. 12 U 116/22) befasste sich das OLG Schleswig mit einer Dachkonstruktion, bei der eine ungeeignete Folie verwendet wurde. Dies führte zu einer erhöhten Gefahr von Feuchtigkeitsschäden. Obgleich bislang keine Schäden festgestellt wurden, befand das Gericht, dass das Risiko künftiger Schäden bereits einen Mangel darstellt. Das Gericht führte aus, dass die Möglichkeit künftiger Schäden genügt, um den Anspruch auf Mangelbeseitigung zu rechtfertigen, auch wenn noch keine Schäden sichtbar sind.

8.3 Wissensstand

In Gerichtsverfahren wird häufig diskutiert, wer wann was hätte wissen müssen oder wissen können. Das OLG Stuttgart (Az. 10 U 29/22), geht davon aus, dass der Architekt bereits im Jahr 2007 und erst recht bei der Sanierungsplanung im Jahr 2008 hätte wissen müssen, dass es sich um eine gefahrgeneigte Bauweise handelt.

Der Erkenntnisgewinn zur hinlänglich bekannten und immer noch aktuellen Holzflachdachthematik begann bereits vor Jahrzehnten. Die Frage, ob unbelüftete Holzflachdächer anerkannte Regel der Technik sind oder je waren, traf die Fachwelt nicht überfallartig. Dass *„im Grunde jede Wärme-Dämmschicht mit einem hochdampfdichten Stoff eingehüllt werden muss"*, war schon vor sechzig Jahren bekannt [76].

In den siebziger Jahren zeichnete sich die Sensibilität der Konstruktion ab. Ein Rücktrocknungspotenzial bei Dächern mit außen stark dampfbremsenden Abdichtungen wurde angeraten [77], wie auch die Dachabdichtung und Dampfbremse aufeinander abzustimmen [78]. Während 1990 die alte Holzschutznorm die Vorschrift einer ausreichenden Verdunstungsmöglichkeit schuf [79], beurteilte Künzel 1995 die Dampfsperre nur noch als theoretische Lösung [80] und die Fachregel mahnte: *„Durch Strömung über Fugen wird erheblich mehr Feuchtigkeit in ein Bauteil transportiert, als dies durch Wasserdampfwanderung möglich ist* [81].*"*
Über solche Fugen stolpert man nicht, so unscheinbar fügen sie sich ein. Was in solchen Refugien hängenbleibt, ist klein. Keime etwa. Sauberkeitswahn, Begradigungswünsche, Regelungswut, Paragraphenflut: Das ist die Begleitmusik zur

8.3 Wissensstand

Sehnsucht nach Perfektion. Vorliegend gibt es aber gute und vernünftige Gründe fürs Streben nach fugenloser Makellosigkeit. 1996 riet die Holzschutznorm von einer Gefachdämmung ab und favorisierte eine Überdämmung [82]. An anderer Stelle war 1997, 2001 sowie 2005 in den Merkblättern des Informationsdienstes Holz durchweg zu lesen: *„Solche Konstruktionen haben sich in der Vergangenheit als schadensträchtig erwiesen, da der chemische Holzschutz bei solchen Bauteilquerschnitten bei ungewollt auftretender Feuchte nicht in der Lage ist, allgemeine Bauschäden zu verhindern. Deshalb sollten sie nur in Ausnahmefällen angewandt* werden [83]." In den Neunzigern kristallisierte sich heraus, dass Dachbegrünung, Kiesbett und Pflastersteine negative Auswirkungen auf die Austrocknung haben [84]. *Holzwarmdachkonstruktionen mit Begrünung werden in der Fachliteratur aufgrund erheblicher hygrischer Risiken kritisch bewertet. Prof. Dr.-Ing. habil. Peter Häupl hebt hervor, dass diese Bauweise aufgrund der hohen Anfälligkeit für Feuchteschäden vermieden werden sollte, da begrünte Dächer die Trocknung erheblich behindern.* [85]. Ähnlich warnt die Zeitschrift Die neue Quadriga vor häufigen Schäden an vollgedämmten Holzkonstruktionen, die durch die geringe Trocknungskapazität solcher Dächer verstärkt werden [86]. Zirkelbach und Stöckl vom Fraunhofer-Institut bestätigen die Gefahrenpotenziale und betonen die generelle Problematik dieser Kombination [87] Ergänzend zeigt der Bauphysik-Kalender 2010, dass die dauerhafte Beschattung durch Begrünung die Austrocknung verhindert und somit die Dauerhaftigkeit der Konstruktion gefährdet [88]. Die Branche sprach von einer regelrechten *„Feuchtefalle"* [89] 2001 brachte die DIN 4108-3 den mittlerweile bekannten Gefahrenhinweis, dass Baufeuchte oder eingedrungene Feuchte gar nicht austrocknen kann [90]. 2002 warnte der Informationsdienst Holz vor *„Dicht-Dicht-Konstruktionen* [91]." Die Quellen sind sich einig, dass solche Konstruktionen ohne umfagreiche Schutzmaßnahmen vermieden werden sollten.

2004 wurde ein alarmierender Hinweis seitens des Zentralverbands herausgegeben: *„Hiervon sollte jedoch nur in Ausnahmefällen Gebrauch gemacht werden* [92]." Der Begriff der „Ausnahme" findet vorrangig in der Philosophie seine Anwendung. Einen solchen Ausnahmefall kann man nicht exakt bestimmen, er kann höchstens als Fall äußerster Not, Gefährdung der Existenz oder dergleichen bezeichnet werden. Im Ausnahmefall wird die Norm vernichtet [93]. Inwiefern das die Abkehr von der Norm rechtfertigt, ist eine juristische Frage. Ab 2004 erschienen zum Thema zahlreiche Fachaufsätze in der neuen Quadriga [94]. Auch in Österreich wird deutlich vor dem feuchtetechnischen Risiko nicht belüfteter Flachdachkonstruktionen gewarnt [95]. Aus dem gleichen Grund werden in den Niederlanden unbelüftete Holzkonstruktionen abgelehnt [96]. Die belgischen Kollegen verlangen für Konzeption als auch Ausführung eines solchen Dachaufbaus eine spezielle Kompetenz, Erfahrung und Herangehensweise. Von einer grundsätzlichen Anwendung des Kompaktdachs wird in Belgien abgeraten [97]. Im skandinavischen Raum ist der Einsatz von Holzflachdächern nicht üblich [98]. Im Schweizer Merkblatt zum Feuchteschutz bei Flachdächern in Holzbauweise wurden nicht durchlüftete Konstruktionen mit Wärmedämmung innerhalb der Tragkonstruktion 2007 als gering fehlertolerant eingestuft [99]. Der Informationsdienst Holz bescheinigte 2008 schließlich, dass unbelüftete Holzflachdächer ein Sicherheitsrisiko darstellen. In roter Fettschrift war zu lesen: *„Mit dem Einbau zu diffusionshemmender bzw. diffusionsdichter Luftdichtheitsebenen erzielt man ... in den meisten Fällen keine erhöhte Sicherheit, sondern erhöht das Bauschadensrisiko. Deshalb zählt die Anwendung von Dampfsperren insbesondere in nicht belüfteten Flachdachkonstruktionen nicht mehr zum Stand der Technik* [100]*."*

Rainer Oswalds Fachaufsatz in der deutschen Bauzeitung 2009 erklärte, dass diese Bauweise für Holzkonstruktionen schon seit Jahren nicht mehr als anerkannt gelten könne [101]. Die Holzforschung Austria führte viele Begutachtungen durch. Dabei zeigte sich, dass 100 % luftdichte Aufbauten bautechnisch so gut wie nicht auszuführen sind. 2010 sprach man von einem *„schwer kalkulierbaren Sicherheitsrisiko* [102]*."* Die Referenten des Holzbauphysikkongresses in Leipzig entzogen dem Einbau von Dampfsperren in außenseitig dampfdichten Holzkonstruktionen 2011 endgültig den Status der anerkannten Regel der Technik [103]. Zöller appellierte 2012: *„Nicht belüftete, außenseitig diffusionsdicht abgedeckte Konstruktionen bergen die Gefahr von Schäden* [104]*."* Gleichzeitig näherte sich die internationale Zeitschrift für Architektur und Baudetail dem Arsenal mykologischen Zündstoffs sogar zweisprachig: *„Aber auch bei gewissenhafter Planung haben außen dampfdichte Holzbaukonstruktionen nur eine eingeschränkte Fehlertoleranz* [105]*."* Die neue Holzschutznorm legte im selben Jahr die Anforderungen letzten Endes so hoch, dass unter baupraktischen Gesichtspunkten eine normgerechte Herstellung von unbelüfteten Holzflachdächern seitdem unmöglich erscheint [106]. Da geht selbst bei gutwilliger Betrachtung gar nichts mehr. Die Herausgeber waren sich vermutlich der Schwierigkeit bewusst, aus den Bestimmungen anwendbares Wissen zu erschließen. Die Mehrheit ist kaum noch in der Lage mit diesen Vorschriften vernünftig umzugehen. (s. auch Beitrag „Das selbstkompostierende Flachdach", 2/2016 Der Bausachverständige).

Der AIBau kam 2014 in seinem Forschungsbericht zum Leitsatz, dass es sich vorliegend um *„schadensanfällige Konstruktionen"* handele und *„eingeschlossene Baufeuchte, Fehlstellen in der Luftdichtheitsschicht und in der Abdichtungsschicht einen großen Schadensumfang bewirken können. Seit langem wird daher vor dieser Konstruktion gewarnt. Auch in den nicht deutschsprachigen Nachbarländern wird dieser Dachaufbau nicht empfohlen* [107]*."* Bei der Podiumsdiskussion auf den

8.3 Wissensstand

Aachener Bausachverständigentagen 2016 wurde mit Baufachleuten und Juristen diskutiert, ab wann Planer und Ausführende spätestens hätten wissen müssen, dass die Bauweise riskant ist. Im Tenor wurde der Zeitraum um das Jahr 2008 hervorgehoben [108].

2015 berichtete das Deutsche Architektenblatt von einem hohen Schadensrisiko, wenn man sich außerhalb der engen Anwendungsgrenzen bewegt [109]. 2017 brachten Daniel Kehl und Martin Mohrmann das Informationsblatt zu Flachdächern in Holzbauweise heraus [110]. Darin wird ein unbelüftetes Flachdach mit Dämmung innerhalb der Tragkonstruktion als äußerst fehleranfällig beschrieben und dass es nicht den a.R.d.T. entspricht. Das abc der Bitumenbahnen, 6. Auflage 2017, erklärte, nicht belüftete Dächer in Holzbauweise haben sich als schadensträchtig erwiesen. Der Südkurier berichtet 2017, dass mehrere Flachdächer in Villingen-Schwenningen aufgrund einer unbelüfteten Konstruktion und einer Dampfbremsfolie innerhalb weniger Jahre durch Feuchtigkeit und Pilzbefall stark beschädigt wurden, weshalb aufwendige Sanierungen notwendig wurden [111]. Wenn man sich dennoch dafür entscheide, sei grundsätzlich eine erhöhte Sorgfalt geboten. Das Faktenpapier der Industrie gibt 2018 ähnliche Warnhinweise heraus [112]. Die Arge Baurecht betont, dass nicht hinterlüftete Dachkonstruktionen erhöhte Planungs- und Überwachungspflichten erfordern, da sie bei unsachgemäßer Ausführung ein hohes Risiko für Feuchtigkeitsschäden bergen [113].

Die Bundesarchitektenkammer berichtet zeitgleich über das Risiko dieser Dachaufbauten [114]. Die Fachzeitschrift für Gebäudeenergieberater veröffentlichte denselben Beitrag [115]. Die Deutsche BauZeitschrift erklärte 2018, dass es zur Vermeidung von Schäden zweckmäßig ist, auf unbelüftete und vollgedämmte Dachkonstruktionen gänzlich zu verzichten. Die Fehlertoleranz derartiger Konstruktionen ist gering [116]. Der Informationsdienst Holz widmete 2019 dem Thema die Ausgabe Flachdächer in Holzbauweise und riet ab, solche Aufbauten zu planen (s. Kap. 8). [117] Das D/DH Dachdecker-Handwerk online veröffentlichte entsprechende Schadensberichte auf der digitalen Plattform des Deutschen Dachdeckerhandwerks 2019–2021. Der TÜV SÜD berichtet 2022 ähnlich kritisch und warnt vor zahlreichen Risiken [118] (Abb. 8.1).

Allen voran hat sich die neue DIN 4108-3 aus der Diskussion verabschiedet. In der neuen Fassung wird zum Tauwasserschutz jetzt auf die Holzschutznorm verwiesen. Sie überlässt nun das Feld der DIN 68800 [119]. Vorsorglich ist ein Warnhinweis für dampfdichte Dämmstoffe geblieben: *„Bei nicht belüfteten Dächern mit äußeren diffusionshemmenden Wärmedämmschichten trocknet erhöhte Baufeuchte oder später – z. B. durch Undichtheiten – eingedrungene Feuchte nur schlecht oder gar nicht aus."* Die neue DIN 4108-3 hat den Aufbau komplett aus

Abb. 8.1 Beeinträchtigung der Standsicherheit, tragende Sparren durchgefault

der Norm gestrichen: *„Nicht belüftete Dächer mit Dachabdichtung sind zulässig, wenn sich weder Holz noch Holzwerkstoffe zwischen Dachabdichtung und Dampfsperre befinden"* (s. Abb. 8.2). Die Norm nimmt das Dach aus dem Katalog und ersetzt es durch ein holzfreies Modell. Diesbezüglich sollten Sie sich verinnerlichen, dass auch diese Norm eine bauaufsichtlich eingeführte Bestimmung ist.

Die gegenwärtige WTA-Richtlinie zur feuchtetechnischen Bewertung von Holzbauteilen hebt hervor: *„Beidseitig geschlossene Holzbauteile (Dämmung nur im Gefach) … sind schadensanfällig und entsprechen nicht den anerkannten Regeln der Technik* [120]*."* Außerdem ergeht der Ratschlag, dass ungewollter Wassereintritt durch die Einhaltung der Regeln *„nicht verhindert werden kann"* und nur durch konstruktive Planung und fachgerechte Ausführung vermieden werden könne. Holzapfel, in Fachkreisen bekannt für seine Veröffentlichungen über Dächer spricht im neuesten Werk, das zweischalige unbelüftete Holzflachdach sei mit hohen Risiken verbunden [121]. Die neue *Quadriga Holzbau* predigt, dass aus Sicht von Bauphysikern die Konstruktionen als ruinös identifiziert sei

8.3 Wissensstand

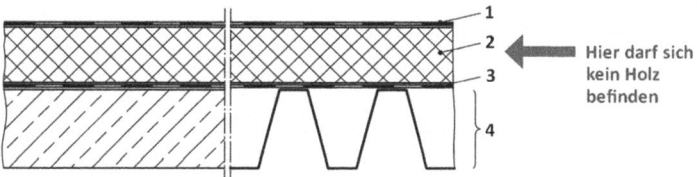

Legende
1 $s_{d,e}$ Dachabdichtung
2 Aufdachdämmung
3 $s_{d,i}$ diffusionshemmende Schicht
4 Massivdecke/Stahlkonstruktion

Abb. 8.2 DIN 4108-3:2018-03 Bild 8 – Konstruktionsbeispiel: nicht belüftete Dachkonstruktion mit Dachabdichtung auf Massivdecke oder Stahlkonstruktion

und dass man das sicherlich nicht zum wiederholten Male erklären müsse [122]. Das Merkblatt Wärmeschutz bei Dach und Wand aus 2024 lässt aufhorchen: *„Als besonders schadensträchtig haben sich Flachdächer in Holzbauweise mit Wärmedämmung zwischen den Sparren und ohne Hinterlüftung der Abdichtungsunterlage erwiesen* [123]*."* Man kann natürlich schlichtweg bestreiten, dass *„besonders schadensträchtig"* schwer zu definieren und nur zu fühlen sei, und antworten: Die haben das sicher nicht so gemeint. Diese Liste könnte man noch weiterführen. Sie beweist, dass man das Thema ernst nehmen muss.

Herstellungs- und Instandsetzungsziele

9

Unter Berücksichtigung der vorliegenden Erkenntnisse lässt sich festhalten, dass eine nicht durchlüftete Konstruktion mit Wärmedämmung auf der Tragkonstruktion den optimalen Lösungsansatz darstellt (s. Abb. 9.1). Für alle anderen Varianten, sei es mit Hinterlüftung oder Überdämmung, gibt es keinen Vertrauensvorschuss.

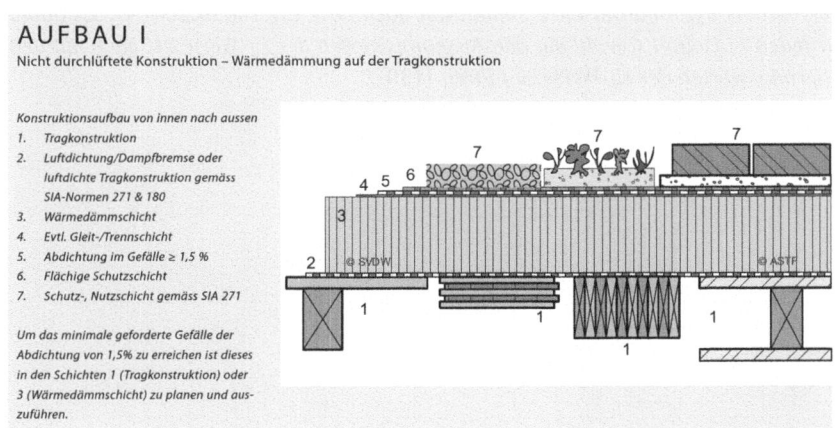

Abb. 9.1 Vorbehaltlose und sichere Empfehlung der technischen Kommission Flachdach

Viele Planer und Unternehmer sind Optimisten mit mehr Erfahrung. Leichtfertigkeit ist ein Kennzeichen durchschnittlicher Handwerkerausführungen und unvermeidbar. Selbst ein unverzichtbarer und bestandener Blower-Door-Test ist ein Zocken um die Luftdichtheit. Auch der Tüchtige braucht Glück: „*Selbst bei Einhaltung der ... Grenzwerte sind lokale Fehlstellen in der Luftdichtheitsschicht möglich, die zu Feuchteschäden durch Konvektion führen können. Die Einhaltung der Grenzwerte ist somit kein hinreichender Nachweis für die sachgemäße Planung und Ausführung ...* [124]"

Rainer Oswald hat 2011 die Misserfolgswahrscheinlichkeit von unbelüfteten Flachdächern klargestellt.: „*Ich halte es nach wie vor für sehr risikoreich, sich bei absolut dampfdichten Oberseiten nur auf die feuchteadaptive Dampfsperre zu verlassen. Ich halte diese Konstruktion nicht für ausreichend fehlertolerant. Man sollte immer mit kleineren Fehlerquellen rechnen, die nicht gleich die Zerstörung der Holzkonstruktion zur Folge haben* [37]."

Dieses Misstrauen zeigt sich in der Fachliteratur, ja selbst in den Vorschriften und Zulassungen der Hersteller selbst[125], in der DIN 4108-3 [126], der DIN 68800[127], in der Neufassung der DIN EN ISO 13788 [128] sowie den neuesten Fachregeln des Dachdeckerhandwerks [129]. Alle warnen oder verlangen die feuchtedynamische Berechnung der unsicheren Konstruktionen: „*Der Nachweis mittels hygrothermischer Simulation nach DIN EN 15026:2007-07 ist dabei für jeden Einzelfall sowohl mit den Ausgangswerten der s_d-Werte als auch mit den Alterungswerten der s_d-Werte zu führen* [130]."

9 Herstellungs- und Instandsetzungsziele

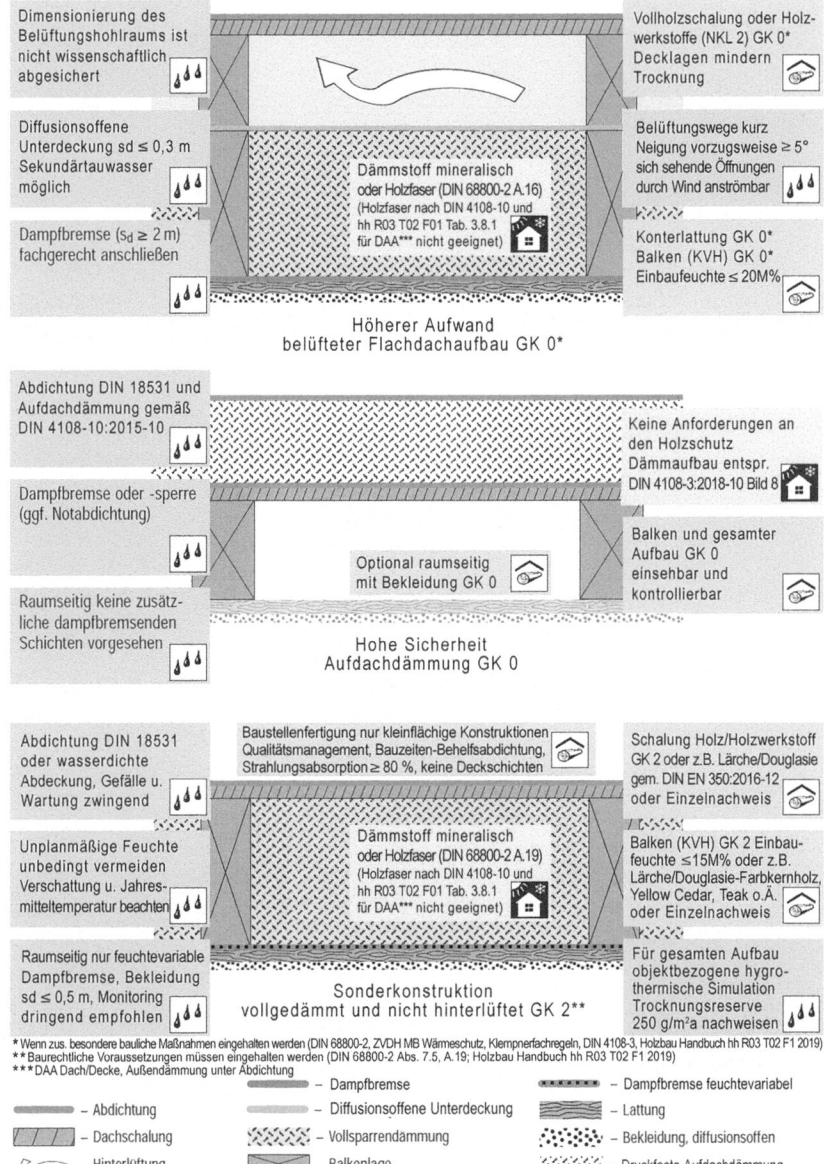

Fazit 10

Das unbelüftete und vollgedämmte Holzflachdach bringt die Bauschaffenden an die Grenze des Machbaren. Erstens, weil eine unbelehrbare Minderheit einen Eindruck von theoretischer Richtigkeit erzeugt und zweitens diese Akteure für die praktische Bedeutsamkeit sowie die immensen Schadensfolgekosten wenig Bewusstsein haben. Das ist wie Granaten werfen und sich dann für deren Detonation nicht zuständig erklären. In diesem Zusammenhang ist die feuchteadaptive Dampfbremse in der Gebrauchsklasse 2 ein brüchiges, um nicht zu sagen: unehrliches Konzept der Flachdachplanung. Sie ist nicht die Beseitigung der Ursache, sondern die Behandlung eines Symptoms. Deshalb muss man gelegentlich auch einmal die Perspektive derjenigen einbringen, die die Situation am wenigsten verstehen, jedoch diejenigen sind, die die Kosten nach Verjährungsablauf allein zu tragen haben. Wie wir wissen, gewinnen gewisse Erkenntnisse, Begebenheiten und Sendungsbewusstsein im Lauf der Zeit zunächst Patina, dann Bedeutung, dann Unbestreitbarkeit. Das Leben wird vorwärts gelebt und rückwärts verstanden. Dieser Satz steht zwar möglicherweise unter dem Verdacht der Sonntagsrede. Das ändert an seiner Richtigkeit aber nichts. Es macht keinen Sinn, Entwicklungen zu ignorieren. Wer sich nicht anpasst, verliert ganz sicher.

Was Sie aus diesem *essential* mitnehmen können

- Grundlagen der relevanten physikalischen Prozesse
- Grenzen des Machbaren
- Voraussetzungen der hygrothermischen Nachweisführung
- Vermeidung von Schäden
- Rechtliche Einschätzungen und Urteile

Literatur

1. Prof. Dipl.-Ing. Matthias Zöller u. Prof. Dr. Antje Boldt: Anerkannte Regeln der Technik Heft 8, Arbeitshefte für Baujuristen und Sachverständige, s. dazu auch 25. Nordische Bausachverständigen-Tage 2018 – Sektion 2 Rechtliche Aspekte des Sachverständigenwesens
2. BGH, Beschluss vom 27.01.2021 – VII ZR 140/18 (Nichtzulassungsbeschwerde zurückgewiesen); IBR 366,2021
3. Der s_d-Wert (auch Diffusionsäquivalente Luftschichtdicke genannt) beschreibt das Diffusionsverhalten von Materialien gegenüber Wasserdampf. Er gibt an, wie dick eine Luftschicht sein müsste, um denselben Wasserdampfwiderstand zu haben wie das betrachtete Material
4. ZVDH Zentralverband des Deutschen Dachdeckerhandwerks (Hrsg.): Entwurf ZVDH-Merkblatt: „Wärmeschutz bei Dächern" Entwurfsstand März 1997
5. Diskussionsstand und Regelwerke zur Luftdichtheit von Dächern – Robert Borsch-Laaks, Sachverständiger für Bauphysik, Aachener Bausachverständigentage 1997
6. ZVDH Zentralverband des Deutschen Dachdeckerhandwerks (Hrsg.): Neues ZVDH-Merkblatt: „Wärmedämmung bei Dachdeckungen" in DDH 24/1991
7. Condetti Basics aus Quadriga Holzbau 1/2010: Die Dampfkonvektion – ein Risiko – aber nicht überall
8. Fraunhofer Institut für Bauphysik, Stuttgart/Holzkirchen, 1999, Helmut Wagner: Luftdichtigkeit und Feuchteschutz beim Steildach mit Dämmung zwischen den Sparren. In: DBZ 12/89 und Berechnung nach DIN 4108-3
9. DIN 68800-2:2022-02, Holzschutz Teil 2: Vorbeugende Bauliche Maßnahmen Im Hochbau.
10. Dipl.-Ing. Michael Staudt, Dr. jur. Mark Seibel: Dachabdichtungen – Zuverlässigkeitsaspekte bei Flachdächern und geneigten Dächern Heft 4, Arbeitshefte für Baujuristen und Sachverständige, s. auch Sachverständigenbericht von Prof. Dipl.-Ing. Matthias Zöller, IBR Januar 2011 Unbelüftete Holzdächer – Fehlertoleranz als notwendige Bauteileigenschaft
11. pro clima WISSEN 2016/17 Sichere Lösungen für die Dichtung der Gebäudehülle – Bauphysik im Überblick
12. Forschungsbericht AIBau Zuverlässigkeit von Holzdachkonstruktionen ohne Unterlüftung der Abdichtungs- oder Decklage 2014, Aachen

13. www.isover.de/News/was-sagt-der-sd-wert-bei-dampfbremsfolien-aus
14. DIN 18531-1:2017-07 Abs. 7.4.1 Abdichtung von Dächern sowie von Balkonen, Loggien und Laubengängen Teil 1: Nicht genutzte und genutzte Dächer-Anforderungen, Planungs- und Ausführungsgrundsätze
15. Fachregel für Abdichtungen – Flachdachrichtlinie – Regel für Abdichtungen nicht genutzter Dächer – Regel für Abdichtungen genutzter Dächer und Flächen, ZVDH, Abs. 1.4 (20), Ausgabe 12-2016
16. Merkblatt Wärmeschutz bei Dach und Wand, Abs. 5.2 (4) ZVDH 2015/04
17. abc der Bitumenbahnen 6. Auflage 2017
18. Informationsdienst Holz 01/2019 FLACHDÄCHER IN HOLZBAUWEISE holzbau handbuch REIHE 3 TEIL 2 FOLGE 1
19. Roland Glauner, Holzschutz: Praxiskommentar zu DIN 68800 Teile 1 bis 4, Beuth Kommentar, 3., vollständig überarbeitete Auflage , 2022
20. Merkblatt Feuchteschutz bei Flachdächern in Holzbauweise, Technische Kommission Flachdach – Gebäudehülle Schweiz 02/2007, Seite 5 AUFBAU IV, mit beschränktem Einsatzgebiet, nicht durchlüftete Konstruktion, Wärmedämmung innerhalb der Tragkonstruktion: „Unbelüftete Konstruktionen des Aufbau IV weisen in feuchtetechnischer Hinsicht eine geringe Fehlertoleranz auf."
21. DIN EN 335:2013-06 Dauerhaftigkeit von Holz und Holzprodukten – Gebrauchsklassen: Definitionen, Anwendung bei Vollholz und Holzprodukten
22. Holzschutz: Praxiskommentar zu DIN 68800 Teile 1 bis 4, Beuth Verlag GmbH 2022, Seite 29
23. Holzschutz: Praxiskommentar zu DIN 68800 Flachdach GK 0: Anhang E Bild K.5, Seite 62
24. Holzschutz: Praxiskommentar zu DIN 68800, Seite 209
25. Merkblatt Wärmeschutz bei Dach und Wand, Ausgabe April 2024, Zentralverband des Deutschen Dachdeckerhandwerks – Fachverband Dach-, Wand- und Abdichtungstechnik – e. V.
26. Informationsdienst Holz: Holzschutz – Bauliche Maßnahmen, holzbau handbuch REIHE 5 TEIL 2 FOLGE 2 und Bauliche Empfehlungen, holzbau handbuch REIHE 3 TEIL 5 FOLGE 1
27. DIN 68800-1:2019-06, Holzschutz Teil 1: Allgemeines
28. Merkblatt technische Kommission Flachdach – Feuchteschutz bei Flachdächern in Holzbauweise, Verband Schweizer Gebäudehüllen-Unternehmungen, Technische Kommission Energie, 2007
29. Roland Glauner, Holzschutz: Praxiskommentar zu DIN 68800 Teile 1 bis 4, Beuth Kommentar, 3., vollständig überarbeitete Auflage, Bild A.19, Seite 178
30. Quadriga Holzbau 1/2010 Do's and Dont's im Flachdachbau – Aus der Forschung in die Praxis – neue Forschungsergebnisse münden in Planungsbroschüre
31. DIN 68800-2:2022-02, Holzschutz – Teil 2: Vorbeugende bauliche Maßnahmen im Hochbau, Seite 17, Abschnitt 7.5 sowie Bild A.20 – Voll gedämmtes, nicht belüftetes Flachdach auf Schalung oder Beplankung, dauerhaft ohne Verschattung
32. Zuverlässigkeit von Holzdachkonstruktionen ohne Unterlüftung der Abdichtungs- und Decklage, Forschungsarbeit gefördert vom Bundesamt für Bauwesen und Raumordnung, Bonn, AIBAU, Aachen, Prof. Dr.-Ing. Rainer Oswald Dipl.-Ing. Matthias Zöller,

Literatur

Dipl.-Ing. Ralf Spilker Dipl.-Ing. Silke Sous, s. auch IBR 7/2015 343 Sachverständigenbericht M. Zöller – Flachdächer aus Holz

33. Quadriga Holzbau 6/2015: Flachdächer in Holzbauweise: Das Update; Robert Borsch-Laaks, Sachverständiger für Bauphysik
34. Quelle: AKÖH – Arbeitskreis Ökologischer Holzbau e. V. (Hg.): Holzschutz und Bauphysik. Tagungsband des 2. Internationalen Holz (Bau) Physik-Kongresses, Leipzig 2011 (holzbauphysik-kongress.eu)
35. FLiB Forschungsbericht Fehlstellen in Luftdichtheitsebenen – Handlungsempfehlung für Baupraktiker 10/2016 Projektleitung Dr. Klaus Vogel, Zusammenarbeit FLiB, Fraunhofer Institut für Bauphysik und das AIBau
36. DIN 68800-2:2022-02, Holzschutz – Teil 2: Vorbeugende bauliche Maßnahmen im Hochbau (Beuth Verlag GmbH)
37. Podiumsdiskussion Aachener Bausachverständigentage 2009, 1. Diskussion 28.04.2009 Tagungsband S. 189
38. DIN 68800-2:2012-02 und 2021-02 Holzschutz – Vorbeugende bauliche Maßnahmen im Hochbau; Holzschutz Praxiskommentar zu DIN 68800 Teile 1 bis 4 (die entspr. Forderung bei Abs. 2.1.2 der DIN 68800 aus 2012 war bereits in der Fassung aus 1996 enthalten)
39. Das Infiltrationsmodell des IBP (Institut für Bauphysik der Fraunhofer-Gesellschaft) beschreibt den unkontrollierten Luftaustausch in Gebäuden durch Undichtigkeiten. Es berücksichtigt Faktoren wie Winddruck, thermischen Auftrieb und Luftwechselraten, um den Wärme- und Feuchtetransport durch Infiltration realistisch zu simulieren
40. DIN 4108-3:2018-08 Wärmeschutz und Energie-Einsparung in Gebäuden – Teil 3: Klimabedingter Feuchteschutz – Anforderungen, Berechnungsverfahren und Hinweise für Planung und Ausführung, Anhang D, Abs. D.6.2
41. DIN 68800-2:2012-02 und 2021-02 Holzschutz – Vorbeugende bauliche Maßnahmen im Hochbau; Holzschutz Praxiskommentar zu DIN 68800 Teile 1 bis 4
42. https://wufi.de/de/wp-content/uploads/sites/9/2014/09/Wufi1D_konstante_Feuchtequelle.pdf
43. Tagungsband Bauphysik-Tagung 2010 – Ingenieurakademie West e.V. – Fortbildungswerk der Ingenieurkammer-Bau NRW – BERECHNUNG DES INSTATIONÄREN HVGROTHERMISCHEN VERHALTENS MEHRSCHICHTIGER BAUTEILE – FEUCHTESICHERE PLANUNG NACH EN 15026, Christian Bludau, Daniel Zirkelbach, Hartwig Künzel, Fraunhofer Institut für Bauphysik, Holzkirchen
44. IFO Flachdach – INFORMATIONSDIENST HOLZ: Flachdächer in Holzbauweise Ausg. 2019, holzbau handbuch Reihe 3, Teil 2, Folge 1 – Holzbau Deutschland Institut e. V. Berlin
45. DIN EN 15026:2007-07, Wärme- Und Feuchtetechnisches Verhalten von Bauteilen Und Bauelementen_- Bewertung Der Feuchteübertragung Durch Numerische Simulation; Deutsche Fassung EN_15026:2007
46. Merkblatt Feuchteschutz bei Flachdächern in Holzbauweise, Technische Kommission Flachdach – Gebäudehülle Schweiz 02/2007, Seite 5 AUFBAU III
47. Fachregel für Abdichtungen – Flachdachrichtlinie – Regel für Abdichtungen nicht genutzter Dächer – Regel für Abdichtungen genutzter Dächer und Flächen, ZVDH, Abs. 1.4 (20), Ausgabe 12-2016; Fachregel für Abdichtungen – Flachdachrichtlinie – ZVDH, Gelbdruck 1. Juli 2023

48. Baurechtliche und -technische Themensammlung – Arbeitshefte für Baujuristen – Dachabdichtungen – Zuverlässigkeitsaspekte bei Flachdächern und geneigten Dächern, Bundesanzeiger Verlag und Fraunhofer IRB Verlag 2013
49. Fachregel für Abdichtungen – Flachdachrichtlinie – Zentralverband des Deutschen Dachdeckerhandwerks – Fachverband Dach-, Wand- und Abdichtungstechnik- e.V. und Hauptverband der Deutschen Bauindustrie e.V. – Bundesfachabteilung Bauwerksabdichtung – Ausgabe Dezember 2016, Ziff. 1.4 Abs. 20 Gestaltungs- und Planungshinweise
50. BGH, Urt. v. 09.02.1978 – VIIZR 122/77, BauR 1978, 222; BGH, Urt. v. 23.10.1986 – VIIZR 48/85, BauR 1987, 79; BGH, Urt. v. 11.10.1990 – VIIZR 228/89, BauR 1991, 79
51. DIN 18531-1:2017-07 Abdichtung von Dächern sowie von Balkonen, Loggien und Laubengängen – Teil 1: Nicht genutzte und genutzte Dächer – Anforderungen, Planungs- und Ausführungsgrundsätze, 7.4.1
52. BGH, Urteil v. 29.09.2011 – VII ZR 87/11 (Vermessung eines Dükers); Kniffka/Koeble, 6. Teil Rdn. 25, 36.
53. OLG Celle, Urteil vom 04.10.2012 – 13 U 234/11 IBR 2013, 356 RA und FA für Bau- und Architektenrecht Jörn Bröker, Essen
54. OLG Düsseldorf, Urteil vom 05.02.2013 – 23 U 185/11 IBR 2013, 676
55. OLG München, Urteil vom 26.03.2013 – 28 U 2645/10, IBR 2015, 557, BGH, Beschluss vom 11.06.2015 – VII ZR 112/13 (Nichtzulassungsbeschwerde zurückgewiesen)
56. BGH, Urt. v. 23.10.1986-V1IZR 48/85, BauR 1987, 79
57. OLG Köln, Urteil vom 13.03.2013 – 16 U 123/12; IBR 2013, 352
58. OLG Koblenz, Urteil vom 13.06.2012- 5 U 1232/ 11; IBR 2013, 632; BGH, Beschluss vom 18.07.2013 – VII ZR 202/12 (Nichtzulassungsbeschwerde zurückgewiesen)
59. OLG Koblenz, Urteil vom 19.05.2016- 1 U 204/14 IBR 2016, 592
60. OLG Koblenz 1. Zivilsenat Urt. v. 2012.2012 1 U 926/11
61. OLG Hamm, Beschl. v. 07.04.2015 – 1W1/15
62. IBR 1-2019 Sachverständigenbericht von Prof. Dipl.-Ing. Matthias Zöller, „Sonderkonstruktion" vs. Sonderkonstruktion
63. IBR 2012, Sachverständigenbericht von Dipl.-Ing. Matthias Zöller, Holzdächer mit Abdichtungen: Nun auch ohne Luftschicht nachweisfrei?
64. Kniffka Bauvertragsrecht 3. Aufl. 2018, 89 Rdn. 234.; BGH, Urt. v. 08.05.2014 – VII ZR 203/11 und Urt. v. 09.07.2014 – VII ZR 161/13
65. IBR 2013, 356
66. BGH, Urteil v. 29.09.2011 – VII ZR 87/11 (Vermessung eines Dükers); Kniffka/Koeble, 6. Teil Rdn. 25, 36
67. OLG München, Beschluss vom 11 .03.2020 – 28 U 4568/19 Bau, Volltext: IBRRS 2020, 2275, IBR 2020, 528; Kniffka/ders., ibr-online- Kommentar Bauvertragsrecht, Stand: 30.07.2020, § 633 BGB Rz. 44
68. Flachdächer aus Holz- neue Regeln und trotzdem Probleme? IBR 2015, 343 Sachverständigenbericht Prof.-Dipl. Ing. Matthias Zöller, Mitherausgeber des IBR, Architekt und ö.b.u.v. Sachverständiger für Schäden an Gebäuden
69. DIN 68800-2:2012-02 Bild A.20 – Voll gedämmtes, nicht belüftetes Flachdach auf Schalung oder Beplankung, dauerhaft ohne Verschattung

70. Unbelüftete Holzdächer IBR 2011, 1 Sachverständigenbericht Prof.-Dipl. Ing. Matthias Zöller, Mitherausgeber des IBR, Architekt und ö.b.u.v. Sachverständiger für Schäden an Gebäuden
71. OLG Hamm, Urteil vom 07.03.2007 – 2 0 U 132/06, IBR 2007, 400
72. Landesbauordnung für Baden-Württemberg (LBO) und LBOAVO – Kommentar Schlotterbeck – Hager – Busch – Gammerl, 7. Aufl. 2016, RICHARD BOORBERG VERLAG, zu § 14 LBO 278 Rdn. 27
73. OLG Koblenz, Urteil vom 19.10.2015 – 12 U 591/13, Volltext IBRRS 2016, 1894; BGH, Beschluss vom 15.06.2016- VII ZR 266/16 (NZB zurückgewiesen); OLG Karlsruhe, Urteil vom 29.11.2013 13 U 80/12 vorhergehend: LG Freiburg, 27.03.2012 8 O 57/12 nachfolgend: BGH, 26.03.2015 VII ZR 15/14 (NZB zurückgewiesen); IBR 2015, 353; IBR 2015, 354; OLG München Urteil. v. 19.09.1983 – 28 U 3317/82, BauR 1984, 637; vgl. auch OLG Schleswig Urteil v. 31.03.2017 – 1 U 48/16, IBR 2017, 370; OLG Düsseldorf, IBR 1995, 467; OLG Köln, IBR 2004, 682; OLG Celle, IBR 2005, 83
74. Ganten / Kinderreit NJW Praxis – Typische Baumängel, 345 Rdn. 61, 449 Rdn. 142, 467 Rdn. 99, 3. Aufl. 2019 Verlag C. H. Beck; Vgl. OLG Köln Urt. vom 20.07.2005 – 11 U 96/04; Werner/Pastor – Der Bauprozess, 1084, Rdn. 1974, 1158 Rdn. 2031, 1289 Rdn. 2248, 16. Aufl. Werner Verlag 2018; vgl. OLG Düsseldorf, NJW-RR 1996, 146, 147; OLG München, BauR 1984, 637; OLG Hamm, BauR 2006, 861
75. LG Würzburg, Urteil vom 04.05.2018 – 64 O 2504/14, ibr-online: IBR 2018, 3001
76. Rick, A. W. 1958: Das flache Dach, Chemie und Technik Verlagsgesellschaft
77. Jenisch, R.; Schüle, W. (1973): Die Austrocknung der Baufeuchte bei nicht belüfteten Flachdächern, Fraunhofer-Institut für Bauphysik
78. Künzel 1978 Feuchtigkeitshaushalt bei Flachdächern mit Dampfsperren und Dachbahnen, Fraunhofer-Institut f. Bauphysik
79. DIN 68800:1990-04 Abs. 7.2
80. Künzel 1995 Vorsicht bei nachträglicher Steildachdämmung, Fraunhofer-Institut für Bauphysik
81. ZVDH Zentralverband des Deutschen Dachdeckerhandwerks (Hrsg.): Neues ZVDH-Merkblatt: Wärmedämmung bei Dachdeckungen in DDH 24/1991
82. DIN 68800-2 : 1996-05 Abs. 8.4 Flachdächer
83. Info Holz 3-5-2 1997/2001/2005 Informationsdienst Holz: Baulicher Holzschutz; Holzbauhandbuch Reihe 3, Teil 5, Folge 2, Juli 1997, 2., inhaltlich unveränderter Nachdruck 6/2005
84. IBP-Mitteilung 354 u. 355 Fraunhofer-Institut für Bauphysik, 1999
85. Prof. Dr.-Ing. habil. Peter Häupl Technische Universität Dresden Fakultät Architektur – Institut für Bauklimatik: Bauphysik – Klima Wärme Feuchte Schall – Grundlagen, Anwendungen, Beispiele; 2008 Ernst & Sohn Verlag
86. Mehr Sicherheit bei begrünten Holzdächern; Die neue Quadriga 10 (2014), Nr.6, S.13-18; Daniel Zirkelbach, Beate Stöckl, Fraunhofer-Institut für Bauphysik, Holzkirchen
87. Der Bauphysik-Kalender 2010, S. 181, Wilhelm Ernst & Sohn
88. Dissertation zu flachgeneigte hölzerne Dachkonstruktionen eingereicht an der Technischen Universität Wien vorgelegt von Dipl.-Ing. (FH) Bernd Nusser M.Eng. im März 2012
89. Fachartikel Bauen mit Holz 1998/1999 Vorschlag feuchtevariable Dampfbremse

90. DIN 4108-3:2001:07 Wärmeschutz und Energie-Einsparung in Gebäuden Teil 3: Klimabedingter Feuchteschutz, Anforderungen, Berechnungsverfahren und Hinweise für Planung und Ausführung
91. INFORMATIONSDIENST HOLZ Holzhäuser Werthaltigkeit und Lebensdauer, 2002
92. Merkblatt Wärmeschutz bei Dach und Wand, Zentralverband des Deutschen Dachdeckerhandwerks – Fachverband Dach-, Wand- und Abdichtungstechnik – e.V., Verlagsgesellschaft Rudolf Müller GmbH & Co. KG, Köln, 2004
93. Carl Schmitt: Politische Theologie, Berlin 2004
94. Beispielhafte Auswahl von Aufsätzen: Robert Borsch-Laaks: Flaches Dach, aber sicher! DNQ 2004; Robert Borsch-Laaks: Tauwasserschutz bei flach geneigten Dächern in Holzbauweise, DNQ 2004; E. U. Köhnke: Probleme mit der Umkehr- oder Sommerdiffusion, DNQ 2006; Robert Borsch-Laaks: Risiko Dampfkonvektion, DNQ 2006; Martin Mohrmann: Feuchteschäden beim Flachdach, DNQ 2007; Daniel Schmidt: Flachdachkonstruktionen in Holzbauweise, DNQ 2007
95. Holzforschung Austria [www.dataholz.com], Teibinger, Martin; Nusser, Bernd: Flachgeneigte Dächer aus Holz – Planungsbroschüre; Hrsg.: Holzforschung Austria, Wien, Dezember 2010; Teibinger, Martin: „Konstruktionsfreigabe". Feuchteschutztechnische Nachweisführung für nicht hinterlüftete Flachdächer; Hrsg.: Holzforschung Austria, Wien, März 2011; Teibinger, Martin: Nachweismöglichkeiten für Flachdächer; in: Zuschnitt 47, Ausgabe September 2012, Pro Holz Austria, shop proholz.at, www.pro holz.at; Zusammenfassung Abschlussbericht Zuverlässigkeit von Holzdachkonstruktionen AIBau März 2014
96. Nederlandse Branchevereniging voor de Timmerindustrie(NBvT), der Niederländische Dachverband der Zimmereibetriebe, s. auch. BRL 0101 (BRL: Nationale Beoordelingsrichtlijn (Beurteilungsrichtlinie), Zusammenfassung Abschlussbericht Zuverlässigkeit von Holzdachkonstruktionen AIBau März 2014
97. WTCB-Dossiers 2012/2.6: Mahieu, E; Noirfalisse, E.; Steskens, P.: Compactdaken, een nieuwe trend? WTCB- Dossiers 2012/2.6 WTCB, überarbeitet November 2012; Zusammenfassung Abschlussbericht Zuverlässigkeit von Holzdachkonstruktionen AIBau März 2014
98. Zusammenfassung Abschlussbericht Zuverlässigkeit von Holzdachkonstruktionen AIBau März 2014
99. Feuchteschutz bei Flachdächern in Holzbauweise. Schweizer Verband Dach und Wand. Uzwil, Schweiz, (Merkblatt, FD 2/07)
100. INFORMATIONSDIENST HOLZ spezial Flachdächer in Holzbauweise, Oktober 2008
101. Rainer Oswald: Unbelüftete Holzdächer mit Dachabdichtungen – fehlgeleitet, 1. Juli 2009 – db deutsche bauzeitung 07/2009
102. Bauphysik 32 (2010), Heft 3, S. 132: Messtechnische Analyse flachgeneigter hölzerner Dachkonstruktionen mit Sparrenvolldämmung, Ernst & Sohn Verlag
103. Konsens der Referenten des Kongresses Holzschutz und Bauphysik am 10./11.02.2011 in Leipzig
104. Holzdächer mit Abdichtungen: Nun auch ohne Luftschicht nachweisfrei? IBR 2012, 124 Sachverständigenbericht Prof.-Dipl. Ing. Matthias Zöller, Mitherausgeber des IBR, Architekt und ö.b.u.v. Sachverständiger für Schäden an Gebäuden

Literatur

105. DETAIL – Zeitschrift für Architektur + Baudetail 2012 1/2 S. 76 Tauwasserschutz von Flachdächern aus Holz/Protection from Condensate for Flat Roofs of Wood; Robert Borsch-Laaks
106. DIN 68800-2:2012 Vorbeugender baulicher Holzschutz
107. Zuverlässigkeit von Holzdachkonstruktionen ohne Unterlüftung der Abdichtungs- oder Decklage, März 2014, gefördert durch das Bundesamt für Bauwesen und Raumordnung, Bonn; Aachener Institut für Bauschadensforschung und angewandte Bauphysik, gGmbH
108. Aachener Bausachverständigentage 2015, Podiumsdiskussion zu „Flachgeneigte Holzdächer nach aktuellen Normen- welche Bauweisen erfüllen die a.R.d.T.?" Dipl.-Ing. Martin Mohrmann, ö.b.u.v. Sachverständiger, Kiel
109. DEUTSCHES ARCHITEKTENBLATT 02/2015: Klüger holzen
110. Informationsblatt zu Flachdächern in Holzbauweise. Mohrmann/Kehl, Version 1.1 (Stand: 04.09.2017)
111. SÜDKURIER, „Wenn das Dach am Neubau in nur wenigen Jahren verrottet", Villingen-Schwenningen, 17. Januar 2018
112. IVPU Faktenpapier 18|01, IVPU Industrieverband Polyurethan-Hartschaum e. V. 2018
113. Tobias Vels, „Dach nicht hinterlüftet: Erhöhte Planungs- und Überwachungspflichten", ARGE Baurecht, 25.10.2018
114. Selbstkompostierung? DAB 09/2018
115. GEB 02/2017
116. DBZ 06/2018 Geringe Fehlertoleranz – nicht belüftete Flachdachkonstruktion in Holzbauweise
117. IFO Flachdach – INFORMATIONSDIENST HOLZ: Flachdächer in Holzbauweise Ausg. 2019, holzbau handbuch Reihe 3, Teil 2, Folge 1 – Holzbau Deutschland Institut e.V. Berlin
118. TÜV SÜD, Dipl.-Ing. Martin Wenning: Feuchteschutztechnische Beurteilung nicht belüfteter Flachdächer in Holzbauweise, Ernst & Sohn Special 2022
119. DIN 4108-3:2014-11 Wärmeschutz und Energie-Einsparung in Gebäuden – Teil 3: Klimabedingter Feuchteschutz – Anforderungen, Berechnungsverfahren und Hinweise für Planung und Ausführung; Ziff. 5.3.1 u. Ziff. 5.2.1 c)
120. Merkblatt 6-8 Ausgabe 08.2016/D Feuchtetechnische Bewertung von Holzbauteilen – Vereinfachte Nachweise und Simulation, Wissenschaftlich-Technische Arbeitsgemeinschaft für Bauwerkserhaltung und Denkmalpflege e.V.
121. Walter Holzapfel: Dächer – Kompendium der Schadensursachen – Fehleranalyse und Ursachenvermeidung; Fraunhofer IRB Verlag, 2015
122. Die neue Quadriga Holzbau 06/2016 – Was darf/soll/muss man rechnen – und wie? Nachweisfreie Dächer – Gibt es das?
123. Deutsches Dachdeckerhandwerk – Regelwerk – Merkblatt Wärmeschutz bei Dach und Wand, Zentralverband des Deutschen Dachdeckerhandwerks – Fachverband Dach-, Wand- und Abdichtungstechnik – e.V. Ausgabe April 2024
124. DIN 4108-7:2011-01 Wärmeschutz und Energie-Einsparung in Gebäuden – Teil 7: Luftdichtheit von Gebäuden
125. Technisches Datenblatt Isover Vario KM Duplex UV Klimamembran: „Der variable s_d-Wert der ISOVER Vario KM, Vario KM Duplex UV und Vario XtraSafe kann nur

mit einem dynamischen Berechnungsprogramm erfasst werden. Der Wasserdampfdiffusionswiderstand in Abhängigkeit der mittleren relativen Luftfeuchtigkeit ist in den einschlägigen Simulationssoftwares (z. B. WUFI® vom Fraunhofer Institut für Bauphysik IBP) hinterlegt

126. DIN 4108-3:2001-07 Anhang A.6.4 Berechnungsverfahren bei Sonderfällen, Literaturangabe; DIN 4108-3:2014-11; DIN 4108-3:2018-10
127. DIN 68800-2:2022-02 Holzschutz – Vorbeugende bauliche Maßnahmen im Hochbau, Abs. 7.5 „Flach geneigte oder geneigte, voll gedämmte, nicht belüftete Dachkonstruktionen mit Metalleindeckung oder mit Abdichtung auf Schalung oder Beplankung sind zulässig, sofern der Tauwasserschutz nach DIN EN 15026 nachgewiesen wird"
128. DIN EN ISO 13788:2013-05 Wärme- und feuchtetechnisches Verhalten von Bauteilen und Bauelementen – Raumseitige Oberflächentemperatur zur Vermeidung kritischer Oberflächenfeuchte und Tauwasserbildung im Bauteilinneren – Berechnungsverfahren, Ausgabe Mai 2013
129. Merkblatt Wärmeschutz bei Dach und Wand im Dachdeckerhandwerk, Zentralverband des Deutschen Dachdeckerhandwerks – Fachverband Dach-, Wand- und Abdichtungstechnik – e.V. April 2024, Abs. 6.4
130. Allgemeine bauaufsichtliche Zulassung für Feuchtevariable Dampfbremsbahn DB+ Zulassungsnummer Z-9.1-852, Geltungsdauer bis 24.07.2020

The manufacturer's authorised representative in the EU is Springer Nature Customer Service Centre GmbH, Europaplatz 3, 69115 Heidelberg, Germany. If you have any concerns regarding our products, please contact ProductSafety@springernature.com

Printed and bound by CPI Group (UK) Ltd, Croydon, CR0 4YY

23/03/2026

02076397-0012